JN440520

제진구조설계지침 및 예제집

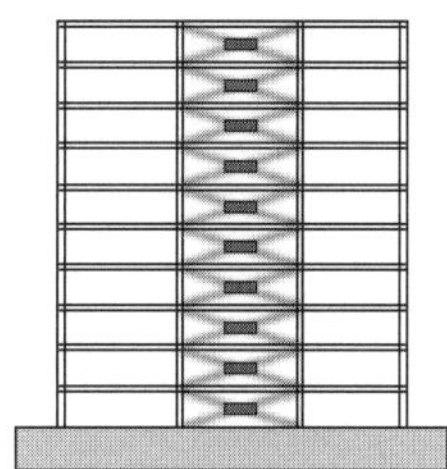

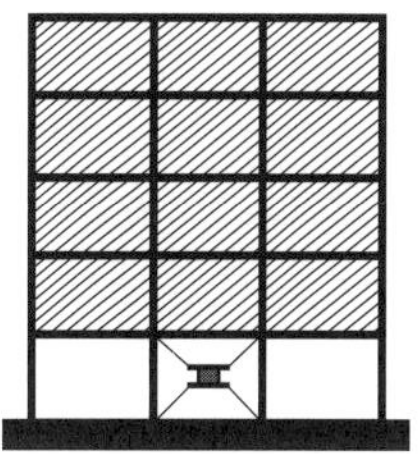

사단법인 대한건축학회

머리말

이 제진구조설계지침 및 예제집은 건축법의 관련 규정에 따라 건축물 및 공작물의 구조체에 대한 설계, 실험 및 검사, 설계하중, 재료강도, 제작 및 설치, 품질관리 등의 기술적 사항을 규정함으로써 건축물 및 공작물의 안전성, 사용성 및 내구성을 확보하기 위한 지침입니다.

지금까지의 내진설계법은 지진의 크기를 하중의 크기로 치환한 등가정적해석법을 기초로 하고 시스템의 운동방정식을 이용하여 내진설계를 적용하고 있으며, 건축물의 변형능력을 고려한 설계를 위해 접합부의 형식이 다르더라도 동일한 구조시스템에 대해서는 동일한 반응수정계수 값을 적용하고 있습니다. 그러나 제진구조의 내진성능은 장치의 성능 및 접합부의 형식에 따라 그 성능이 크게 달라집니다. 따라서 동일한 구조시스템에 대해 동일한 반응수정계수 값을 사용하고 있는 현행의 내진설계법으로는 제진구조의 성능을 명확히 규명하기에는 한계가 있습니다.

따라서 이 제진구조설계지침 및 예제집에서는 제진장치의 성능 및 배치형식 등에 따른 성능변화 등을 명확히 규명하고 힘의 평형식인 운동방정식을 근간으로 한 변형에 따른 에너지소산 효과를 함께 고려할 수 있는 에너지의 평형방정식을 이용한 설계법을 제시하고자 합니다.

이 제진구조설계지침 및 예제집의 구성은 총 5장과 부록으로 구성되어 있으며, 제1장 총칙, 제2장 에너지법에 의한 제진구조설계, 제3장 제진장치, 제4장 제진구조의 설계, 제5장 제진구조의 지진응답해석, 부록 제진건축물의 설계예제 등입니다.

이 제진구조설계지침 및 예제집으로 건축물의 내진성을 보다 명확히 평가할 수 있으며, 내진성이 우수한 구조시스템의 개발에 도움이 되기를 기대하며 발간을 위하여 애써주신 집필위원 여러분의 노고에 감사드리고 기문당 강해작 사장님과 관계자 여러분께 깊은 감사를 드립니다.

2010년 3월 31일

면진·제진구조설계지침 및 예제집 집필위원회 위원장 이 원 호

사단법인 대한건축학회 회 장 손 장 열

제진구조설계지침 및 예제집의 집필 및 자문위원

위원장　　이원호 | 광운대학교 건축공학과 교수, 공학박사, 구조기술사

간사　　오상훈 | 부산대학교 건축공학과 교수, 공학박사

집필위원　　이원호 | 광운대학교 건축공학과 교수, 공학박사, 구조기술사
오상훈 | 부산대학교 건축공학과 교수, 공학박사
황기태 | (주)에코닝 대표이사, 공학박사
차승렬 | (주)동양구조엔지니어링 대표이사, 구조기술사
이승재 | 한국기술교육대학 건축공학과 교수, 공학박사
양원직 | 광운대학교 에센스구조연구센터 연구교수, 공학박사
강대언 | (주)창·민우구조컨설탄트 기술연구소장, 공학박사
김영주 | 고려대학교 건축·사회환경공학과 BK21 연구교수, 공학박사
이문성 | 한양대학교 공학대학 건축학부 조교수, 공학박사

자문위원　　이리형 | 청운대학교 총장, 공학박사, 구조기술사
김석구 | (주)쓰리디구조 대표이사, 공학박사, 구조기술사
김종호 | (주)창·민우구조컨설탄트, 구조기술사
이도범 | 대림산업(주) 기술산업연구소 부장, 공학박사
민경원 | 단국대학교 건축공학과 교수, 공학박사
홍성걸 | 서울대학교 건축학과 교수, 공학박사
이진호 | 동의대학교 건축공학과 교수, 공학박사
박효선 | 연세대학교 건축공학과 교수, 공학박사
천영수 | 대한주택공사 주택도시연구원 수석연구원, 공학박사
김명한 | 대진대학교 건축공학과 교수, 공학박사

차 례

제1장 총 칙

제2장 에너지법에 의한 제진구조설계

제3장 제진장치

제 1 장

총 칙

0101 일반사항

0101.1 목적

이 제진구조설계지침(이하 '이 지침')은 건축구조설계기준(KBC)에 따라 건축물 및 공작물의 안전성, 사용성 및 내구성을 확보하기 위한 내진설계에 부가한 제진구조설계의 기술적 사항을 기술함을 목적으로 한다.

0101.2 적용범위

(1) 이 지침은 지진력을 대상으로 한 건축물의 거동에 관하여 에너지의 평형방정식을 이용한 설계법(이하, 에너지법이라 함)에 따라 제진건축물의 설계에 적용한다.
(2) 이 지침은 설계적용 검토단계에서 에너지법을 이용한 예비설계 및 시간이력해석법에 의한 지진시의 안전성을 검증하는 제진건축물의 설계에 적용한다.

(3) 이 지침은 탄소성 강재이력댐퍼를 제진장치로 사용하는 경우에 한하여 적용한다.
(4) 이 지침은 신축 건축물과 제진장치를 사용하여 보강되는 건축물을 대상으로 한다.
(5) 건축대상 부지는 모든 지반을 대상으로 한다.

해설

(1) 이 지침은 제진건축물 설계자를 위한 설계의 기본개념을 제시한 것으로, 구조설계자의 자유로운 설계활동의 폭을 넓히기 위하여 제시한 것이다. 또한 여기에 제시하지 않은 사항에 대해서는 건축구조설계기준(KBC) 및 각종 구조설계기준 등에 따르는 것으로 한다.

(2) 지금까지의 내진설계법은 지진을 힘의 크기로 표현한 운동방정식에 기초한 등가정적해석법을 적용하고 있으며, 건축물의 변형능력을 고려하기 위하여 반응수정계수 값을 적용하고 있다. 한편, 제진구조의 성능은 제진장치의 성능에 따라 좌우된다고 할 수 있다. 제진장치의 성능은 내력 이외에도 소성변형능력, 감쇠능력 등에 따라 결정된다. 그러나 현재의 내진설계방법에서는 동일한 구조시스템에 대해서는 접합부 형식 등에 따라 차이가 있음에도 불구하고 동일한 반응수정계수를 적용하고 있다. 반면 제진구조에서는 동일한 구조시스템 내에서도 제진장치의 배치형식 및 개수 등에 따라 그 성능은 크게 달라진다. 따라서 동일한 구조시스템에 대해 동일한 반응수정계수 값을 사용하고 있는 현행의 내진설계법으로는 제진구조의 성능을 명확히 규명하기에는 한계가 있다.

따라서 이 지침에서는 제진장치의 성능 및 배치형식 등에 따른 제진구조의 성능변화 등을 명확히 규명하고, 힘의 평형식인 운동방정식을 근간으로 하여 변형에 따른 에너지 소산효과를 함께 고려할 수 있는 에너지의 평형방정식을 이용한 설계법을 제시한다.

(3) 제진구조에 사용되는 제진장치는 매우 다양한 형식을 가지고 있으며 진동제어방식에 따라 탄소성이력형 댐퍼, 감쇠형 댐퍼, 부가질량계 등으로 크게 분류할 수 있다. 그러나 감쇠에너지를 이용한 제진구조에서는 감쇠가 건축물의 거동에 미치는 영향에 대하여 규명해야할 과제가 많이 남아 있으므로, 이 지침에서는 우선 감쇠에 크게 의존하지 않는 탄소성이력댐퍼를 사용하는 것으로 한다. 감쇠형 댐퍼 및 부가

질량계 등을 적용한 제진구조에 대한 설계법은 향후에 추가로 제시하고자 한다.

제진구조는 댐퍼를 각 층에 분산 배치하여 지진에 의해 건축물에 입력되는 에너지를 각층에 분산시키는 에너지 분산형 구조 및 특정 층에 집중시키는 에너지 집중형 구조로 분류할 수 있다. [그림 0101.2.1].

① 에너지 분산형 구조

② 에너지 집중형 구조

에너지 집중형 구조에서는 댐퍼를 설치하지 않은 층의 구조형식은 특별히 제한을 받지 않는다.

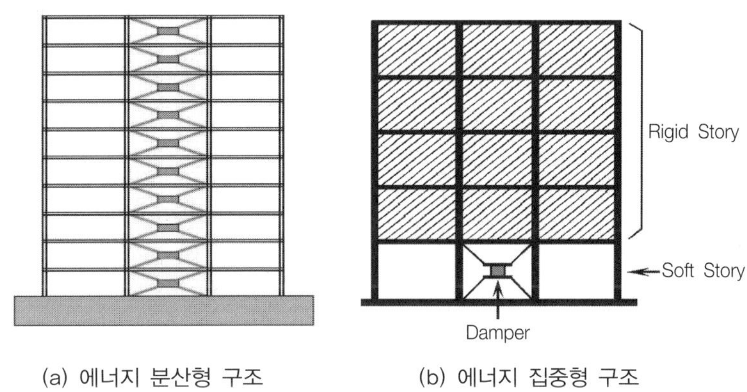

(a) 에너지 분산형 구조 (b) 에너지 집중형 구조

그림 0101.2.1 건축물이 에너지를 흡수하는 형태

이 지침에서는 각 층의 복원력 특성이 Bi-linear형으로 치환 가능한 소성변형성능을 가지고 있고, 취성파단과 탄성좌굴을 발생시키지 않는다는 것을 전제로 하고 있다. 또한 편심이 발생하는 구조(단, 편심비 $\overline{e_q}=0.5$ 이하, KBC 기준으로 검토)에도 적용 가능하다. 단, 상기의 골조형식 중에서도 다음의 특수한 골조에 대해서는 본 설계법의 적용범위를 벗어나는 것으로 한다.

① 몇 개의 층에 걸쳐 내진요소를 배치하고 각 층에 내력 등을 분산시킬 수 없는 대각브레이스구조 형식

② 취성적인 파괴성상을 나타내는 구조

0101.3 지침의 구성

이 지침은 5장으로 구성되며, 그 내용은 다음과 같다.

1장 총칙

2장 에너지법에 의한 제진구조설계

3장 제진장치

4장 제진구조의 설계

5장 제진구조의 지진응답해석

0102 용어의 정의

0102.1 기본 용어

이 지침에서는 제진구조에 사용되는 기본용어로 다음과 같이 정의한다.

(1) 댐퍼부분 : 건축물의 구조내력상 주요한 부분 가운데 에너지흡수 부재(지진에 의해 건축물에 작용하는 에너지를 흡수하기 위해 설치한 탄소성계의 부재, 혹은 이에 준하는 이력특성을 가지는 것을 지칭)를 이용하여 구성되는 부분(에너지흡수 부재를 상호 또는 주위의 보 부재 등에 접합하기 위해 설치한 충분한 강성 및 내력을 가지는 연결 부재를 포함함)으로, 지진에 의한 반복변형을 받은 후에도 강성 및 내력이 저하하지 않고 건축물의 자중, 활하중, 적설하중 등 연직방향의 하중을 지지하지 않는 것을 말한다.

(2) 주골조 : 건축물의 구조내력상 주요한 부분 가운데 댐퍼부분을 제외한 부분을 말한다.

해설

(1) 댐퍼부분이란 지진에 의해 건축물에 작용하는 에너지를 흡수하기 위하여 설치한 것으로 [그림 0102.1.1]과 같은 상황을 고려하여 에너지 흡수량을 평가할 수 있도록 에너지 흡수부재만이 아니고 그 주위의 연결부재까지를 포함하는 것으로 규정한다.

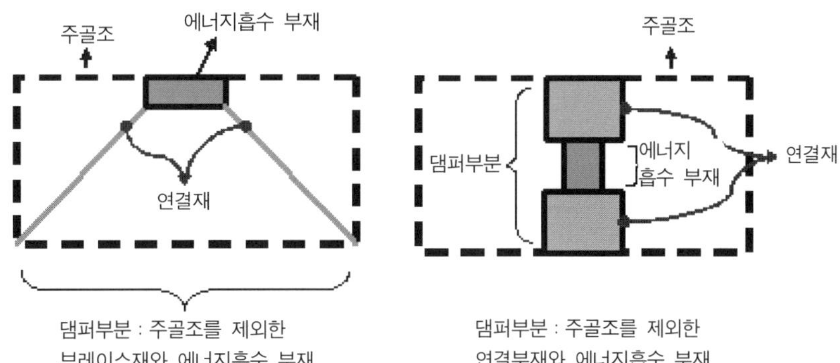

그림 0102.1.1 댐퍼부분과 주골조

댐퍼부분에 대해서는 다음과 같은 제한을 둔다.

① 복원력 특성은 완전탄소성형에 가까운 것으로서 지진에 의한 반복 변형을 받은 후에도 하중의 작용 및 제하시의 강성과 내력이 저하하지 않는 것을 사용한다.

② 에너지흡수 부재를 설치하는 부분에는 충분한 내력 및 강성을 확보한다.

③ 연직하중을 지지하지 않는 형식의 구조로 한다.

앞에서 기술한 바와 같이 에너지법은 부재와 골조의 에너지 흡수능력에 기초하여 내진성능을 평가하는 것이기 때문에 구조계산의 전제로서 댐퍼부분의 복원력 특성에 일정한 제한을 두고 있다. 이 제한에 대해서는 연강 등에 의한 에너지흡수 부재를 이용한 댐퍼부분이 대상이 된다. 또한, 에너지흡수 부재로 사용할 수 있는 재료는 허용응력도 및 재료강도가 규정되어 있는 것에 한하고, 같은 이력형 댐퍼라도 납 등 특수한 재료에 의한 에너지 흡수부재를 사용하고 있는 경우에는 시간이력 지진응답해석 등의 구조계산 등을 통하여 충분한 검증을 한 후에 사용해야 한다. 마찰형의 에너지흡수 부재를 이용하여 지지부분의 강성을 고려하면, 역시 완전탄소성형의 복원력이 되고 댐퍼부분으로서의 조건을 만족하나 마찬가지로 재료강도가 규정되어 있지 않기 때문에, 시간이력 지진응답해석 등의 구조계산을 통하여 충분한 검토가 선행되어야 한다.

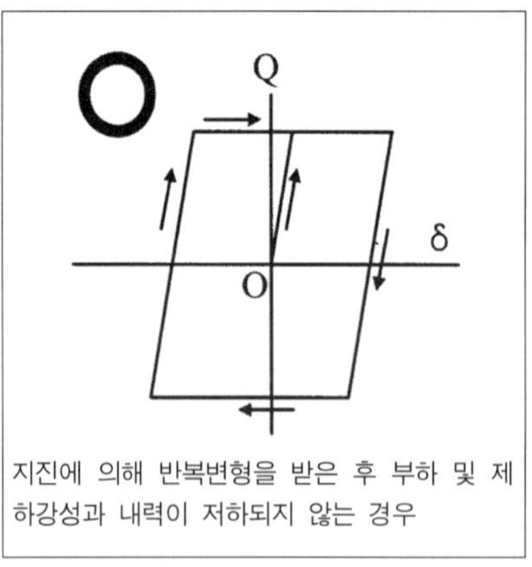

지진에 의해 반복변형을 받은 후 부하 및 제하강성과 내력이 저하되지 않는 경우

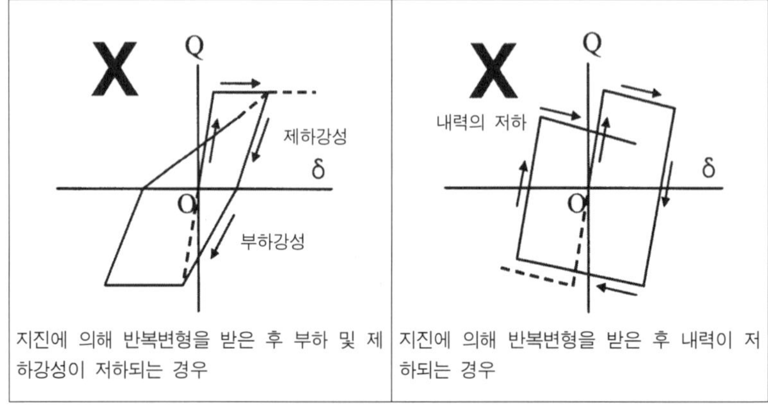

지진에 의해 반복변형을 받은 후 부하 및 제하강성이 저하되는 경우

지진에 의해 반복변형을 받은 후 내력이 저하되는 경우

그림 0102.1.2 강성 및 내력저하의 발생 유무에 따른 댐퍼의 복원력 특성

댐퍼부분은 대지진 시에 지진에 의해 입력되는 에너지의 대부분을 댐퍼의 소성변형에 의해 흡수할 수 있도록 설계되어 있으므로 누적소성변형에너지가 크게 됨을 예상할 수 있다. 이때 댐퍼부분이 연직하중을 부담하게 되면 지진에 의한 도괴·붕괴로 이어질 위험성이 있으므로 '건축물의 자중, 적재하중, 적설하중 그 외의 연직방향의 하중을 지지하지 않는다.'는 것을 전제로 하고 있다.

설계에서는 댐퍼부분을 무시하고 연직하중에 대한 검토를 실시하여 안전성을 확인하게 된다. 또한 댐퍼부분에 연직력의 작용 여부는 실제 건설에서는 에너지흡수 부재의 형식과 골조와의 접합, 시공순서에 의존한다. 이력형의 에너지흡수 부재를 이용하는 경우에는, 상층바닥의 콘크리트 타설 등의 큰 연직력의 증가를 발생시키는 공정의 종료 후에 댐퍼부분과 주골조를 접합하는 등의 시공상의 주의가 필요하다.

이 지침에서 정하고 있는 댐퍼부분의 복원력 특성은 기본적으로 완전탄소성형이다. 그러나 이력형 댐퍼부분에서는 일반적으로 복원력 특성에는 2차강성이 존재한다. 댐퍼부분의 복원력 특성의 2차 강성이 다소 큰 경우에도 완전탄소성형의 모델을 이용한 골조의 응답해석 결과와 비교하면 골조의 최대변형과 댐퍼의 에너지 흡수량에는 큰 차이가 없음이 밝혀져 있다. 따라서 이력형 에너지흡수 부재를 이용한 댐퍼부분에서는 댐퍼부분의 복원력 특성의 2차 강성이 다소 큰 경우에도 이 설계법을 적용할 수 있는 것으로 한다.

에너지흡수 부재를 유효하게 작용시키기 위해서는 에너지흡수 부재가 설치기간 중에 발휘할 수 있는 최대내력에 대해서 지지부분을 안전하게 설계하는 것을 기본으로 한다. 에너지흡수 부재의 최대내력은 소성화의 진전에 따라서 변형경화 영향 등에 의해 상승하고 그 정도는 에너지흡수 부재의 형식과 최대변형, 반복수에 의해서 달라진다. 에너지흡수 부재의 최대내력 산정용의 재료강도로써 사용재료의 인장강도 범위의 중앙치를 이용하고, 이에 의해 산정되는 내력에 대해 에너지흡수 부재의 지지부분을 허용응력도 설계에 의해 설계한다. 이렇게 할 경우, 에너지흡수 부재가 설치되어 있는 동안 기능을 유효하게 발휘할 수 있을 것으로 판단된다. 또한, 에너지를 흡수부재 인장강도 범위의 중앙치에 대해서는 재료의 규격과 성능을 조사하면 된다.

에너지흡수 부재의 내력상승률과 소성률 등의 관계에 관한 실험결과가 있는 경우는 각 층의 에너지 흡수부재의 내력상승을 직접 평가하고, 그에 대해 지지부분을 허용응력도로 설계함으로써 보다 효율적인 에너지흡수 부재의 설계가 가능할 것으로 판단된다. 예를 들어, 축방향의 변형도에 의해 에너지를 흡수하는 형식의 에너지흡수 부재에서는 에너지흡수 부재의 소성률이 10 정도에서 에너지흡수 부재의 내력상승이 2배 정도이다. 이러한 기존의 실험자료와 예측되는 응답치에 근거하여 지지부분을 설계할 수 있다.

또한, 댐퍼부분에 상정되는 복원력 특성을 확보하기 위해서는 상기 지지부분의 설계와 함께 에너지 흡수부재 자체에 대해서도 국부·전체좌굴 방지 등의 보강과 약축방향의 변형에 대해서 에너지 흡수부재가 불안정하지 않도록 충분히 주의할 필요가 있다.

(2) 댐퍼부분을 제외한 일반적인 기둥과 보로 이루어진 골조를 '주골조'라고 정의하고 있다. 댐퍼부분을 설치하지 않는 일반적인 설계의 경우에는 주골조를 그대로 '구조내력상 주요한 부분'이라고 바꾸어 말할 수 있다. 또한 그림 0102.1.3에 주골조와 댐퍼부분과의 관계를 모식도로서 나타내었다.

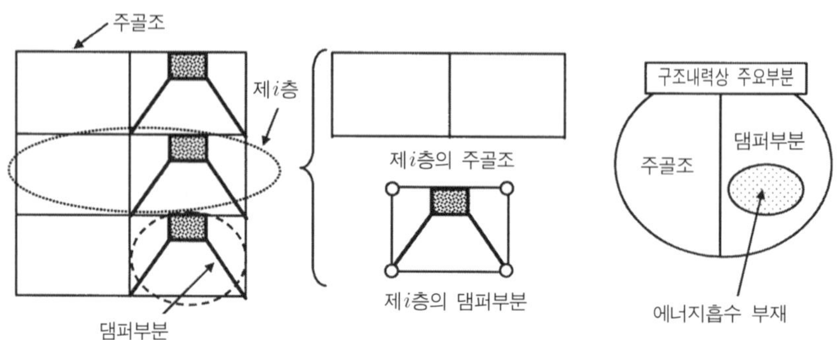

그림 0102.1.3 주골조와 댐퍼부분의 구별

0102.2 기타 용어

가속도(acceleration) : 물체가 어떤 방향으로 운동할 때 그 속도에 대한 시간적 변화의 비율을 가속도라고 한다. 물체에 가속도를 발생시키기 위해서는 변화방향에 대해 힘을 작용시킬 필요가 있다. 단위는 cm/s^2이며, cm/s^2를 gal로 나타낼 때도 있다(중력가속도는 $980cm/s^2$).

지진동의 레벨을 나타내는 지표의 하나로 지진동 파형의 최대가속도가 이용되는 경우가 있다.

감쇠성능(damping performance) : 건축물 혹은 부재의 운동특성을 나타내는 성능은 강성과 감쇠로 크게 나눌 수 있다. 감쇠성능은 건축물에 외력이 작용했을 때, 이 에너지를 진동적으로 흡수하는 성능을 나타낸다. 일반적으로 자유진동에서 진동을 감소시키는 감쇠는 속도에 비례하는 양이고, 감쇠계수와 감쇠정수로 나타내어진다.

강심(center of rigidity) : 건축물에 지진력과 같은 수평력이 작용하면 기둥과 벽체는 각각 강성에 따라 수평력에 저항하기 때문에 강성이 한쪽으로 치우쳐 분포하고 있으면 건축물은 회전하게 된다. 이때의 회전중심을 강심이라고 한다. 즉, 강심과 건축물의 중량분포의 중심이 일치하지 않을 경우에는 양자의 거리에 비례하여 비틀림 모멘트가 발생하고 건축물은 회전한다.

강재댐퍼(steel damper) : 강재가 소성변형 혹은 기하학적 변형을 할 때의 에너지 흡수성능을 댐퍼로 이용하는 것으로, 평면 내 혹은 임의 방향의 대변형에 대응할 수 있는 형상, 지지부 등에 의해 특징이 주어져 있다. 복원력은 방추형의 이력루프를 나타낸다.

고유주기(natural period) : 건축물에 어떤 힘을 가하여 그 힘을 해제시키면 건축물은 어떤 일정한 주기로 진동을 한다. 그 주기를 일반적으로 고유주기라고 한다. 그 중에 수직방향의 고유주기를 수직고유주기라 하고, 수평방향의 고유주기를 수평고유주기라고 한다.

내진구조(earthquake resistant structure) : 내진구조의 설계목표는 건축물이 지진에 의해 투입되는 에너지의 총량을 건축물의 손상상태를 허용상태 내로 억제하면서 건축물에 전부 흡수시키는 것으로, 벽식구조와 같이 건축물을 강하게 만드는 강도저항형(탄성설계법)과 지진에 의한 입력에너지를 건축물 본체의 소성변형에 의해 에너지를 흡수시키는 인성형 건축물(탄소성설계법) 및 에너지 흡수장치(점성 및 이력감쇠형)를 구조본체에 설치한 제진구조 건축물이 있다. 아주 드물게 발생하는 대지진시에 내진구조에서는 건축물의 붕괴 방지와 인명보호가 목표이다.

동적해석(dynamic analysis) : 지진과 바람에 의한 외력에 대해 건축물의 진동특성, 감쇠특성을 적용한 진동모델을 이용하여 해석적으로 안전성을 검토하는 방법. 적절한 진동모델(모델화)과 외력(입력지진동)의 평가방법이 해석결과의 신뢰 타당성을 좌우한다. 초고층 건축물의 설계에서 다질점 모델에 의한 동적해석을 하고 있으나, 최근에는 입체모델에 의한 해석과 건축물이 들어서게 되는 지반의 특성을 평가하고 지반과의 상호작용의 영향을 고려하는 해석도 하고 있다.

마찰형 감쇠장치(damper of hysteresis type) : 재료의 탄소성변형과 마찰을 이용하여 변형이력에 의해 에너지를 소산함으로써 감쇠성능을 얻는 것이다. 강재감쇠장치, 납감쇠장치, 마찰감쇠장치 등이 실용화되고 있다.

복원력 특성(restoring force characteristic) : 골조와 부재의 하중이력과 변형이력의 관계 또는 재료의 응력이력과 변형도 이력의 관계를 말한다. 골격곡선(skeleton curve)과 이력특성(hysteresis rule)의 조합으로 표현되며, 구조해석에서는 이것들을 모델화하여 사용한다. 구조종류와 구조형식에 따라서 Normal-Bi-Linear, Degrading-Tri-Linear, Ramberg-Osgood 등의 복원력 모델이 이용된다.

상하동(vertical motion) : 지진 시에 작용하는 지진동 중에 상하방향으로 작용하는 것을 상하동이라고 한다. 일반 건축물에서는 항상 연직하중이 작용하고 있다는 점과 지진 시에 상하동에 의한 부재의 영향이 수평동에 의한 영향에 비해 작았기 때문에 지금까지는 고려된 적이 적었다.

설계용 전단력(seismic shear force for design) : 대상으로 하는 건축물에서 허용응력도 설계에 의해 각 부재의 단면검증(산정)시에 필요로 하는 응력을 산정한다든지, 건축물의 편심률 · 강성률의 산정 등에 외력으로 사용되는 층전단력을 '설계용 전단력'이라고 부른다.

에너지법(energy method) : 기존의 내진설계법은 시진의 크기를 힘(하중)으로 표현하고, 건축물이 그 하중에 견딜 수 있도록 하기 위해 힘의 크기로 표현된 진동방정식을 이용하였으나 에너지법은 지진에 의해 건축물에 입력되는 에너지와 건축물이 흡수하는 에너지의 평형조건에 근거하여 최대응답치를 예측하는 기법이다.

에너지스펙트럼(energy spectrum) : 건축물에 투입되는 총에너지 입력의 속도환산치 V_E와 고유주기로 나타내는 스펙트럼을 나타낸다.

에너지 흡수능력(energy absorption capacity) : 건축물의 보유성능을 평가하는 양이고, 일반적으로는 소성이력에너지 혹은 소성변형배율로 나타낸다.

오일 감쇠장치(oil damper) : 일반적으로는 진동에 의해 움직이는 피스톤에 의해 실린더 내부의 오일을 유동시켜 그 제동력을 비복원력으로 하여 진동을 제어하는 감쇠장치이다. 소정의 제동력은 오리피스라고 불리는 관로 도중에 설치된 둥근 구멍으로 오일의 유량을 조정함으로써 얻어진다.

제진[制振(震)]구조(seismic vibration control system) : 제진(制振)구조와 제진(制震)구조의 정의는 아직까지 명확히 구분되지 못하고 있다. 제진(制振)구조는 건축물에 생기는 진동(응답) 그 자체를 제어한다는 포괄적인 의미로 받아들여지고 있는 반면, 제진(制震)구조는 지진으로 인한 건축물의 진동을 제어한다는 의미로 해석되고 있는 것이 일반적이다. 건축물의 응답제어라는 관점에서는 수동형, 능동형, 반능동형 및 복합형의 제어방법이 있다.

적용 사례가 많은 대표 예로 수동형에는 강재감쇠장치와 점탄성감쇠장치를 건축물에 설치하여 지진응답을 저감하는 손상제어구조가 있고, 능동형에는 강풍에 대하여 양호한 거주성을 확보하기 위한 매스댐퍼가 있다.

중심(center of gravity) : 단면의 도심, 강체의 전 중력의 작용점을 말한다. 보통 설계에서는 건축물의 각 기둥위치와 작용축력으로 건축물의 평면적인 중량중심을 구한다. 이 중심위치에 지진시의 수평력이 작용하는 것으로 하여 건축물 전체에 작용하는 비틀림 모멘트를 강심위치와의 관계(편심)로부터 산정한다. 형상비가 큰 면진건축물(건축물 폭에 대한 건축물 높이가 큰 건축물)에서는 입면적인 중심위치도 검토하여 설계되는 예도 있다.

지반종별(type of ground) : 건축물의 피해가 지진동과의 공진현상과 깊게 관계한다는 것과 마찬가지로 지반에는 고유의 탁월 진동주기가 있음이 알려져 있다. 표층의 지반구성에 기인하는 진동성상의 차이를 근거로 하여 지반을 분류한 것을 지반종별이라고 한다.

지진응답해석(dynamic analysis) : 대상으로 하는 건축물의 지진 시 동적인 거동을 확인하기 위하여 건축물을 질량과 스프링의 단순한 모델로 치환하여 최하 부분에 관측지진동과 모의지진동의 가속도 기록을 외력으로 하여 시간이력으로 입력함으로써 각 시각에서 건축물의 거동(응답)을 구할 수 있으며, 이것을 '지진응답해석' 이라고 부른다. 종래는 건축물 각 층을 한 개의 질점으로 모델화하여 해석하였으니, 최근에는 컴퓨터의 발달에 의해 건축물 전체를 완전입체모델로 취급하여 각 부재의 동적인 거동을 파악할 수 있게 되었다.

층간 변형각(story drift ratio) : 어떤 층의 지진과 바람 등에 대한 수평력에 의해 생기는 수평 변형량을 그 층의 높이로 나눈 것을 말한다.

층골조 분할법(decomposition of the frame into story frames) : 구조골조의 수평내력을 산출하는 기법으로, 상하층의 영향을 배제하고, 각 층마다 독립하여 내력을 구한다. 높이 방향의 내력분포를 충실히 구할 수 있다.

최적항복 층전단력계수(optimal yielding story shear coefficient) : 평균적인 지진응답해석에서 각 층의 누적소성변형배율이 일정하게 될 때의 항복 층전단력계수분포를 말한다.

편심(eccentricity) : 강심과 중심 · 도심과 작용 축과 같은 관계 사이에 생기는 거리를 말하고, 그 크기를 편심거리로 표현하기도 한다. 편심이 있으면 본래의 응력 외에 비틀림 모멘트에 의한 2차 응력이 작용한다.

0102.3 기호

B : 댐퍼 스트럿의 폭

c : 편심에 의한 손상집중에 등가인 항복전단력계수의 저하율 p_{ti}의 평가식 중의 지수

c_i : 기준 손상무차원화량

d_0 : 강봉댐퍼의 직경

d_i : 제i층 상부 보의 상하층 라멘 분할비율

E : (강재의) 영계수

E_D : 건축물의 손상에 기여하는 에너지

E_{st} : 부재의 2차 강성

E_T : 건축물에 입력되는 총지진입력에너지

E_p : 건축물 전체가 흡수할 수 있는 에너지

e : 편심거리

$\overline{e}$: 편심비 ($=e/i$)

e_q : 구면간의 최적강도분포에 관한 편심량

$\overline{e_q}$: 최적강도분포에 관한 편심비

G : (강재의) 전단탄성계수

g : 중력가속도

I_c : 기둥의 단면이차모멘트

I_b : 보의 단면이차모멘트

i : 회전반경

H : 댐퍼 스트럿 직선부의 높이

H' : 댐퍼 스트럿 곡선부의 내력기여를 고려한 스트럿의 높이

H_T : 댐퍼 스트럿 직선부에 슬릿의 직경을 더한 높이

h : 건축물의 감쇠정수

h_i : 제i층의 층고

j : 탄성반경

$\bar{j}$: 탄성반경비$(=j/i)$

K : 주골조의 강성에 대한 댐퍼부의 강성비

k_i : 제i층의 수평강성

${}_sk_i$: 댐퍼부(stiff element)의 강성

${}_{dc}k_i$: 댐퍼와 주골조를 연결하는 연결재의 강성

${}_dk_i$: 댐퍼만의 강성

${}_fk_i$: $P-\delta$ 효과를 고려한 i층의 주골조의 탄성수평강성

${}_fk'_i$: $P-\delta$ 효과를 고려하지 않은 i층의 주골조의 탄성수평강성

${}_ik_x$: i구면의 강성

${}_il_y$: (부호를 고려한) 중심으로부터 i구면까지의 거리

k_{eq} : 건축물을 1질점계로 치환했을 때의 등가스프링정수

${}_ck_i$: 제i층의 기둥 강도의 합

${}_bk_i$: 제i층의 보 강도의 합

${}_pk_i$: 제i층의 패널 강도의 합

${}_{P\delta}k_i$: $P-\delta$ 효과에 의한 수평강성의 저하량

k_{p1}, k_{p2} : 무차원화 한 댐퍼의 1차 및 2차 소성강성

l_c : 층골조의 기둥 길이

l_b : 층골조의 보의 길이

m_i : 제i층의 질량

M : 건축물의 총질량

M_c : 층골조의 기둥의 전소성모멘트

M_b : 층골조의 절점의 좌우 보의 전소성모멘트의 합

M_k : k 접합부의 전소성모멘트

$M_{ov,i}$: 제i층의 전도모멘트

M_p : 층골조의 기둥보 패널부의 전소성모멘트

N : 건축물의 층수

$\Delta N_{e,i}$: 전도모멘트에 의한 제i층 기둥의 추가 축력

n : 손상집중지수

n_1 : 최대변형이 발생하는 루프의 반복되는 빈도를 나타내는 정수

p_i : 각 층의 항복전단력계수와 최적항복전단력 계수분포의 차이

p_{ti} : 편심에 의한 손상집중에 등가인 항복전단력계수의 저하율

Q_d : 손상 한계내력

Q_{di} : 제i층에 작용하는 손상한계내력에 상당하는 층전단력

Q_{dui}^* : 각 층의 댐퍼부분의 수평내력

Q_{dui} : 각 층의 댐퍼부분의 보유수평내력

Q_{fi} : 건축물이 손상한계에 도달할 때 각층의 주골조에 발생하는 층전단력

${}_fQ_\pi$: 층골조의 최대전단력

Q_i : 제i층의 전단력

Q_x : x방향의 층 강도$(=\sum_i^i Q_x)$

${}_iQ_x$: i구면의 강도

${}_dQ_y$: 댐퍼의 항복내력

${}_dQ_{b,y}$: 댐퍼의 휨에 의한 항복내력

${}_dQ_{s,y}$: 댐퍼의 전단력에 의한 항복내력

${}_fQ_{yi}$: 제i층의 주골조의 항복전단력

${}_sQ_{yi}$: 제i층의 댐퍼부의 요구항복전단력

$\overline{Q_i}$: 제i층의 최적항복 전단력분포

${}_i\hat{Q}$: 탄성계의 i구면의 전단력

q_1 : 비틀림 1차모드의 변형을 나타내기 위한 비례정수

$R_{\max i}$: 제i층의 최대층간변형각

r : 댐퍼 슬릿의 반경

${}_fr_i$: 최적항복전단력 계수분포에 대한 주골조의 실제 전단력계수의 비를 구하고 그 값에 주골조가 탄성에 머물기 위한 최소필요 전단력계수를 나눈 값$(={}_f\alpha_i/(\alpha_e\overline{\alpha_i}))$

${}_sr_i$: 최적항복전단력 계수분포에 대한 댐퍼부의 실제 전단력계수의 비를 구하고 그 값에 댐퍼부가 탄성에 머물기 위한 최소필요 전단력계수

를 나눈 값($= {}_s\alpha_i / (\alpha_e \overline{\alpha_i})$)

${}_s r_{\min}$: 댐퍼가 최대에너지 흡수능력을 발휘하기 위한 강도

${}_s r_{\delta\max}$: 댐퍼의 요구최소강도

s_i : 각 층의 항복전단력계수가 최적항복전단력 계수분포에 따르는 경우의 각 층의 손상의 무차원화량

T : 건축물의 탄성 1차 고유주기

T_d : 손상한계 고유주기

T_f : 주골조의 탄성 1차 고유주기

T_s : 안전 고유주기

t : 댐퍼의 판두께

V_E : 지진에 의해 건축물에 입력되는 총에너지의 속도환산값

V_L : 건축물의 손상을 유발하는 에너지의 속도환산값

V_p : 주골조의 기둥보 패널부의 강도

W_{dei} : 각 층의 댐퍼가 탄성변형에너지로 흡수하는 에너지양

W_{dpi} : 각 층의 댐퍼가 소성변형에너지로 흡수하는 에너지양

W_e : 건축물이 손상한계에 도달할 때까지 흡수할 수 있는 에너지양

W_{fi} : 각 층의 주골조가 탄성변형에너지로 흡수하는 에너지양

W_i : 제i층의 중량

W_p : 건축물에 발생하는 전 손상에너지

W_{pi} : 제i층에 발생하는 손상에너지

x_1 : 중심의 변위

α : 응력상승률의 실험식 중의 계수

α_e : 건축물(내진구조)이 탄성범위에 머물게 하기 위한 최소밑면전단력계수

α_i : 제i층의 항복전단력계수

$\overline{\alpha_i}$: 제i층의 최적항복전단력 계수분포

α_o : 기준 항복전단력계수

β_T : 비선형 응답 시의 비틀림각의 증폭계수

β_j : 댐퍼부가 수평부재와 이루는 각도

γ_i : 건축물에 생기는 전 손상 W_p에 대한 제i층에 발생하는 손상 W_{pi}의 비율

δ_{di} : 제i층의 기초로부터의 변위(손상한계)

δ_{dui} : Q_{dui}의 값을, 각층의 댐퍼부분의 수평방향의 강성으로 나누어 얻은 각층의 댐퍼부분의 층간변위

δ_i : δ_{fi}의 값을 각 층의 주골조의 수평방향의 강성으로 나눠서 얻은 각 층의 층간변위

δ_i : 각 층의 손상한계 시 층간변위

$\delta_{\max i}$: 제i층의 최대층간변위

$\delta_{\lim, i}$: 제i층의 최대허용층간변위

δ_e : α_e에 도달하는 경우의 변형량

${}_f\delta_{yi}$: 주골조의 제i층 항복변위

${}_j\delta_{\max i}$: 제i층에서의 j구면의 최대변형

${}_r\delta_y$: 층의 항복 층간변형

${}_m\delta_y$: 층의 항복 층간변형에 기여하는 부재변형

${}_b\delta_y$: 브레이스의 항복 층간변형

δ^*_{dui} : δ^*_{dui}의 값을, 해당 층의 댐퍼부분의 수평반향의 강성으로 나누어 얻은 각 층의 댐퍼부분의 층간변위

ζ : 편심에 따라 최외구면에 필요한 에너지 흡수능력의 증폭계수

${}_f\bar{\eta}'_i$: 제i층의 주골조 누적손상

${}_f\bar{\eta}'_{\lim, i}$: 주골조의 손상을 허용하는 경우, 제i층의 주골조 누적허용손상배율

${}_fW_{\lim, i}$: 제i층의 주골조 누적허용손상

${}_m\eta_u$: 부재의 누적소성변형배율

${}_r\eta_u$: 층의 누적소성변형배율

$\bar{\eta}_i$: 제i층의 누적소성변형배율의 정부 양측의 평균치

θ_i : 회전각

κ_i : 각 층의 수평강성 k_i의 등가스프링 정수 k_{eq}에 대한 비

λ_e : 부재의 세장비

μ_i : 제i층의 소성률

μ_i^* : $(=\mu_i-1)$

σ_y : 강재의 항복응력도

ϕ_i : 비틀림 1차 모드의 진동수비

0103 목표성능

지진 발생 시에는 제진건축물은 다음의 목표설계성능을 만족하도록 한다.

(1) 주골조는 탄성범위 이내에 머물게 하거나 보수가 용이한 범위 내에서 손상을 허용한다.

(2) 댐퍼는 안정된 이력거동을 발휘하여 많은 에너지 흡수가 가능하도록 설계한다.

(3) 건축물의 비구조재는 원칙적으로 손상이 발생하지 않도록 한다.

해설

(1) 제진구조는 지진 시에 건축물에 입력되는 지진에너지를 제진댐퍼가 흡수하도록 하는 구조이다. 이에 수반되는 수평변형은 건축물이 사용성 한계를 만족하도록 설계한다. 또한, 주골조는 탄성에 머물거나 그렇지 않은 경우, 즉 사용성 한계가 주골조의 항복변위보다 커서 주골조의 일부가 손상을 받는 경우에도 그 손상의 정도는 미미하기 때문에 보수가 용이한 범위 내에 들어간다고 할 수 있다.

(2) 이력댐퍼 사용의 목적은 건축물의 소성에너지를 댐퍼에 집중시켜서 주골조의 손상을 방지하는 것이다. 따라서 댐퍼는 지진에 의해 건축물에 입력되는 에너지를 충분히 받을 수 있도록 안정된 이력거동을 발휘하도록 설계한다.

(3) 비구조재는 기본적으로 소성변형능력이 거의 없는 경우가 많으므로, 비구조재가 소성변형할 경우에 부재의 파단 등에 의해 낙하발생의 가능성이 높다. 따라서 비구조재는 원칙적으로 손상이 발생하지 않도록 설계한다.

제 2 장

에너지법에 의한 제진구조설계

0201 에너지평형에 근거한 제진구조설계법

지진에 의해서 건축물에 입력되는 에너지의 크기를 산정하고, 건축물이 흡수할 수 있는 에너지의 크기를 지진입력에너지보다 크게 하여 건축물의 안전성을 확보하고자 하는 설계법을 말하며, 다음의 식을 만족시키도록 한다.

$$E_P > E_T$$

여기서, E_P : 건축물 전체가 흡수할 수 있는 에너지

E_T : 지진에 의한 총입력에너지

해설

건축물의 내진안전성 검증은 지진에 의한 입력에너지를 건축물이 흡수할 수 있는가에 의해 판단할 수 있다. 허용응력도 계산과 한계내력계산은 건축물의 에너지 흡수능력을 직접적으로 고려하고 있다고는 할 수 없으

나, 한계상태설계법에서는 반응수정계수의 형태로 에너지 흡수능력의 크기에 대한 고려가 내진설계 속에 포함되어 있다. 지금까지의 내진설계법에서는 내력과 변형이라고 하는 직감적으로 이해하기 쉬운 물리량을 안전성 검증의 척도로 사용하고 있으나, 에너지평형에 근거한 내진설계에서는 보다 보편성이 높은 물리량인 에너지양을 그 척도로 하고 있다.

현재 전 세계에서 주로 쓰이는 내진설계기법은 크게 정적 진도법, 수정 진도법, 동적 해석법으로 나눌 수 있으며, 이들은 모두 가속도를 하중효과로 평가하고 있다. 그러나 지진을 가속도에 의한 하중효과만으로 평가한 경우 지진 가속도의 불확정성이 매우 크며, 구조부재 또는 구조체의 소성변형 능력의 차이에 의한 영향을 직접적으로 비교하기에는 어려운 점이 있다. 현재의 내진설계규준은 지진 가속도를 하중효과로 취급하여 계산한 탄성 설계응답을 반응수정계수 R값으로 나누어서 골조의 소성변형 능력에 따라 설계 지진하중을 낮출 수 있게 설정되어 있다. 하지만 반응수정계수 R값은 주어진 골조시스템에 획일된 하나의 값을 적용시키는 등 타당성이 결여되고 명확하지 않은 부분이 많다.

특히 제진구조에서는 제진장치의 성능이 아무리 우수해도 제진장치의 배치형식에 따라 그 성능이 크게 달라지므로, 제진장치의 배치방식은 건축물의 형태, 규모 및 제진장치의 특성에 따라 달라져야 한다. 따라서 제진구조의 성능을 극대화하기 위해서는 제진장치의 성능을 충분히 활용할 수 있도록 그 효율성을 예측할 수 있어야 한다. 그러나 기존의 내진설계법을 이용하면 각 층별, 각 부재별 손상 정도를 예측하기 어렵고, 그 손상을 예측하기 위해서는 각 층, 혹은 각 부재가 흡수한 에너지양을 평가할 수 있어야 한다. 이상에서 지적한 사항을 충분히 예측하기 위해서는 에너지법을 사용할 필요가 있다.

한편, 지진을 하중과 변형의 곱이라 할 수 있는 에너지로 평가한 경우, 그 입력에너지는 건축물의 총질량과 1차 고유주기에 지배되며 건축물의 강도, 건축물 내부의 강도분포 및 강성분포에는 거의 영향을 받지 않는 매우 안정된 양임이 밝혀져 있다. 따라서 최근에는 지진에 의한 영향을 단순한 하중효과만이 아닌, 하중과 그에 의한 변형의 곱인 에너지를 비교하고 평가하는 내진설계법이 많이 연구되고 있고, 또한 주목받고 있다. 에너지론에 기초를 둔 내진설계에서는 지진과 같은 외력에 의해 입력된 에너지보다 골조의 에너지 흡수능력을 더 크게 설계하여 골조의 내진성을 확보할 수 있도록 한다. 그러므로 지진에 의한 입력에너지의 특성과 건축물의 에너지 흡수능력을 정량적으로 평가할 필요성이 있다.

현재의 내진설계법에서는 지진가속도를 하중효과로 취급하기 때문에, 지진가속도가 커지게 되면 건축물에 작용하는 하중이 커지게 된다. 그러나 지진에 의해 건축물에 입력되는 에너지양이 반드시 지진의 최대가속도에만 의존하는 양인지에 대해서는 검증이 필요하며, 건축물의 요구소성변형 능력을 정량적으로 평가하기 위해서는 지진력을 에너지로 평가할 수 있는 스펙트럼을 제시할 필요가 있다.

지진이 건축물에 미치는 파괴력의 지표로서는 우선 가장 널리 쓰이는 가속도를 생각할 수 있다. 그러나 일본 효고현 남부지진과 대만의 集集(chi-chi) 지진의 비교에서 보면 그림 0201.1.1 및 그림 0201.1.2에서 알 수 있듯이, 대만 集集(chi-chi) 지진의 가속도가 효고현 남부지진의 가속도보다 컸지만 건축물의 피해는 효고현 남부지진에 비해 적었음을 알 수 있다. 이는 지진발생 지역이 도심지가 아닌 점, 강구조의 경우 건축물 규모에 비해 설계하중이 컸다는 점 이외에도 대만 集集지진에서는 최대지반가속도에 의한 힘의 작용이 pulse적인 성격을 가짐으로써 큰 에너지를 발생시키지 못하고 효고현 남부지진보다 작았다는 점을 고려해야 한다는 것을 의미한다. 따라서 가속도가 건축물의 파괴력의 지표로써 반드시 유효하다고는 할 수 없다. 또한 Fourier 진폭스펙트럼이 같은 지진이라도 직하형 지진과 같이 단시간에 큰 에너지가 투입되는 경우에는 건축물이 붕괴하기 쉽다는 것이 이미 밝혀져 있다. 이는 에너지 입력의 누적 총량만으로는 건축물의 붕괴예측이 불충분하다는 것을 의미한다.

에너지법에 관련된 역사를 되짚어보면, 미국 버클리에서 개최된 제1회 세계지진공학회의(1956년)에 Tanabashi와 Housner는 각각 지진동에 의한 파괴력이 지진동 속도를 지표로 하는 에너지 입력으로서 취급할 수 있음을 나타내었다. 이 단계에서는 지진입력을 에너지로서 생각할 수 있다는 이론을 제시했다. 그 후 약 20년 정도 경과하여 컴퓨터의 진보 등에 의해 수치해석에 의한 검증자료를 근거로 Akiyama가 Housner 가설의 검증에 의해 입력에너지의 정량화를 수행함과 동시에 다층 건축물에서의 각 층으로의 에너지 배분(손상분포 측)의 제안을 하기에 이르러 지진에 의한 에너지 입력과 건축물이 가지는 에너지 흡수능력을 대비함으로써 내진설계를 실현할 수 있는 길을 열었다. 이 방법에 근거하여 그동안의 연구결과를 바탕으로 이 지침을 제시하게 되었다.

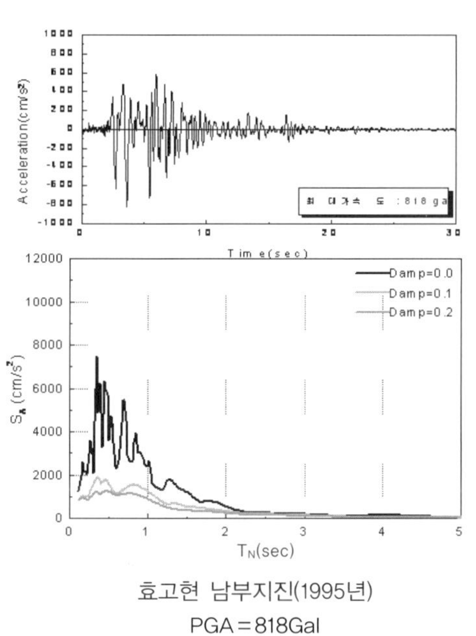

효고현 남부지진(1995년)
PGA = 818Gal

대만 集集지진(1999년)
PGA = 918Gal

그림 0201.1.1 지진가속도 및 가속도 응답스펙트럼

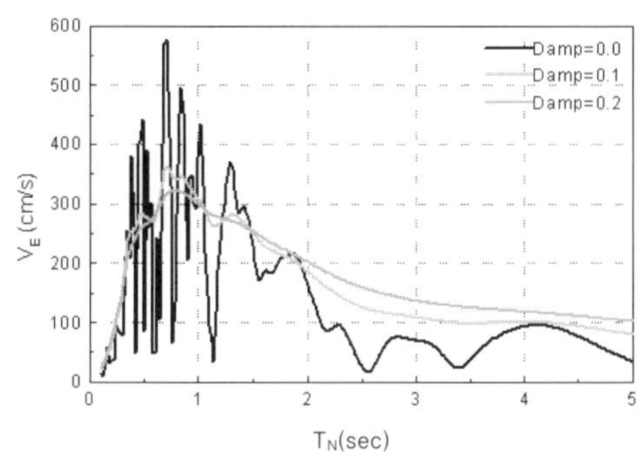

효고현 남부지진(1995년)
PGA = 818Gal

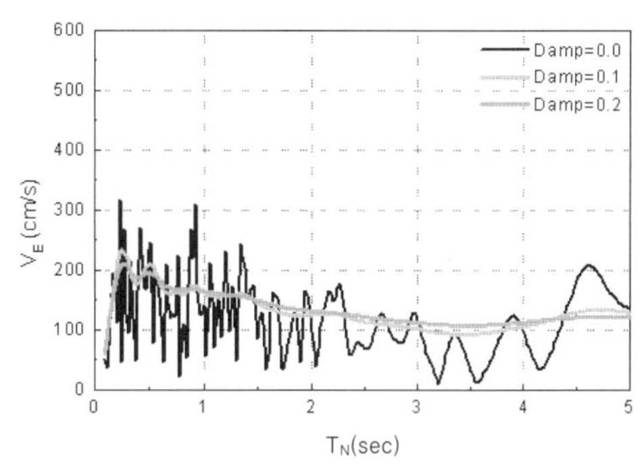

대만 集集지진(1999년)
PGA = 918Gal

그림 0201.1.2 에너지 등가속도 스펙트럼

에너지법은 에너지양으로 표현한 내진설계이므로 설계실무자가 건축물의 각 층, 각 부위에서 흡수하는 지진에너지의 분포를 즉각적으로 파악할 수 있고, 지진에너지를 각 층에 균등하게 분배시킬 수도 있으므로 건축물의 내진성능 향상을 위한 최적설계가 가능하게 한다. 그러므로 지진에너지를 적극적으로 흡수하는 장치의 적절한 이용을 가능하게 한다.

0202 건축물이 흡수하는 에너지

건축물의 지상부분은 다음에 나타낸 바와 같이 설계한다. 건축물이 손상한계에 도달할 때까지 흡수할 수 있는 에너지양은 다음 식으로 계산한다.

$$W_e = W_{fi} + (W_{dei} + W_{dpi})$$

이 식에서 W_e, W_{fi}, W_{dei} 및 W_{dpi}는 각각 다음의 값을 나타낸다.

W_e : 건축물이 손상한계에 도달할 때까지 흡수할 수 있는 에너지양(단위 : kN · m)

W_{fi} : 각 층의 주골조에 탄성변형에너지로 흡수되는 에너지양으로, 다음 식에 의해서 계산된 값 (단위 : kN · m)

$$W_{fi} = \frac{1}{2} Q_{fi}$$

이 식에서, Q_{fi} 및 δ_i는 각각 다음 값을 나타낸다.

Q_{fi} : 건축물이 손상한계에 도달할 때 각층의 주골조에 발생하는 층전단력 (단위 : kN)

δ_i : Q_{fi}의 값을 각 층의 주골조의 수평방향의 강성으로 나눠서 얻은 각 층의 층간변위 (이하 '손상한계 층간변위' 라 함) (단위 : m)

W_{dei} : 각 층의 댐퍼부분에 탄성변형에너지로 흡수되는 에너지양으로, 다음 식에 의해서 계산되는 값 (단위 : kN · m)

$$W_{dei} = \frac{1}{2} Q^*_{dui} \delta^*_{dui}$$

이 식에서, Q^*_{dui} 및 δ^*_{dui}는 각각 다음의 값을 나타낸다.

Q_{dui}^* : 각 층의 댐퍼부분의 수평내력[각층의 보유수평내력(재료강도에 의해서 계산된 각 층의 수평력에 대한 내력을 말함). (단위 : kN) 그러나 건축물이 손상한계에 도달할 때 각층의 댐퍼부분에 발생하는 층전단력이 댐퍼부분의 수평내력보다 작은 경우에는 해당 층전단력으로 한다.

δ_{dui}^* : Q_{dui}^*의 값을 해당 층의 댐퍼부분의 수평방향의 강성으로 나누어 얻은 각 층의 댐퍼부분의 층간변위 (단위 : m)

W_{dpi} : 각 층의 댐퍼부분에 소성변형에너지로서 흡수되는 에너지양으로, 다음 식에 의해서 계산되는 값(단위 : kN · m)

$$W_{dpi} = 2(\delta_i - \delta_{dui})Q_{dui} \cdot \eta_i$$

이 식에서, δ_i, δ_{dui}, Q_{dui} 및 η_i는 각각 다음 식의 값을 나타낸다.

δ_i : 각 층의 손상한계 시 층간변위(단위 : m)

δ_{dui} : Q_{dui}의 값을, 각 층의 댐퍼부분의 수평방향의 강성으로 나누어 얻은 각 층의 댐퍼부분의 층간변위(δ_i가 δ_{dui}보다 작은 경우는 δ_i로 한다.) (단위 : m)

Q_{dui} : 댐퍼부분의 보유수평내력(단위 : kN)

η_i : 각 층의 댐퍼부분의 소성변형의 누적 정도를 나타내는 값으로 2를 사용한다.

해설

위에서는 주골조가 소성화 되지 않는 범위에서 흡수할 수 있는 최대에너지양 W_e를 계산한다. 여기에서 건축물의 손상한계는 주골조에만 재료의 단기허용응력도를 이용해서 규정되지만, 이것은 댐퍼부분은 소성화에 따른 에너지 흡수가 허용되기 때문에, 댐퍼부분의 안전성의 검토는 '댐퍼부분의 검토'에서 수행하는 것으로 한다.

식에서 좌변의 각 항은 각각 건축물의 각 층에 대한 다음 값을 나타낸다.

W_f : 주골조가 흡수하는 탄성에너지

W_{de} : 댐퍼부분이 흡수하는 탄성변형에너지

W_{dp} : 댐퍼부분이 흡수하는 소성변형에너지

(1) 주골조의 탄성변형에너지(W_f)의 산출

주골조의 탄성변형에너지 W_f는 다음의 방법으로 산출한다. 지진에 의한 건축물의 지상부분의 각 층에 작용하는 층전단력을 계산하고, 다음으로 어느 층의 주골조 단면에 발생하는 응력이 재료의 단기허용응력도에 도달할 때까지 외력을 증가시킨다. 그때까지 흡수할 수 있는 에너지양을 계산한다. 그림 0202.1.1 예에서는 2층의 부재가 최초로 단기허용응력도에 도달하는 경우를 나타내고, ΣW_{fi}는 그림에서 점으로 된 삼각형부분 면적의 총합으로 한다. 또한, δ_i는 각 층의 항복변형을 나타낸다.

이상과 같이 W_{fi}는 건축물 전체의 손상한계를 상정한 경우 각 층의 변형에너지양이고, 모든 층이 동시에 항복하게 함으로써 계산하는 것은 아니므로 주의할 필요가 있다.

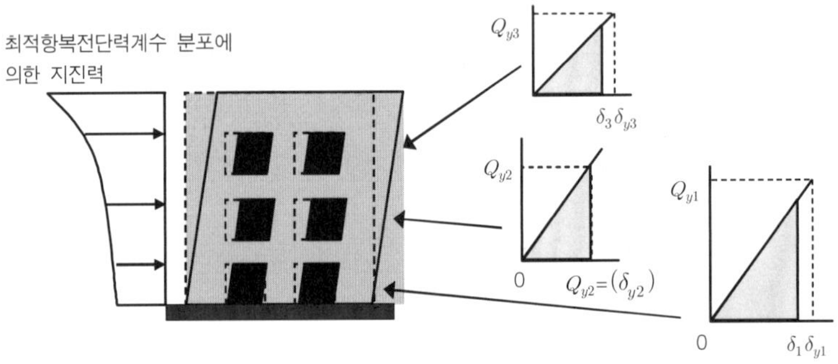

그림 0202.1.1 주골조의 탄성변형에너지의 산정

(2) 댐퍼부분의 탄성변형 에너지(W_{dei}) 및 소성변형 에너지(W_{dpi})의 산출

댐퍼부분은 중규모의 지진에도 소성화하는 것을 허용하고, 탄성변형에너지 W_{dei} 및 소성변형에너지 W_{dpi}를 각각 구한다. 어느 값도 주골조의 손상한계변형 만으로서 각 층의 댐퍼부분의 하중변형관계에 기초하여 계산할 수 있지만, 소성변형에너지양을 구하는 경우에는, 지진에 의한 정부의 반복변형의 영향을 고려해서, 그림 0202.1.2에 나타낸 단조가력에 의한 하중변형 관계로부터 구한 에너지 $W_{dpi}{}'$을 $2\eta_i$배 한 값을 W_{dpi}로 하는 것으로 한다. η_i는 (누적소성변형을 산출하기 위해) 구체적으로 정부의 응답반복 횟수를 고려하기 위한 값이고, 규정에는 원칙적으로 2를 사용하지만, 상정되는 지진동과 건축물의 응답성상의 관계로부터 다른 값이 되는 경우에는 당해 값을 사용해서 검토하도록 한다. 또한, W_{dei} 및 W_{dpi}의 산출은 댐퍼부분의 수평내력을 사용하고, 따라서 에너지흡수 부재로서 사용 가능한 재료는 재료강도가 규정된 것만 사용하므로 주의가 필요하다.

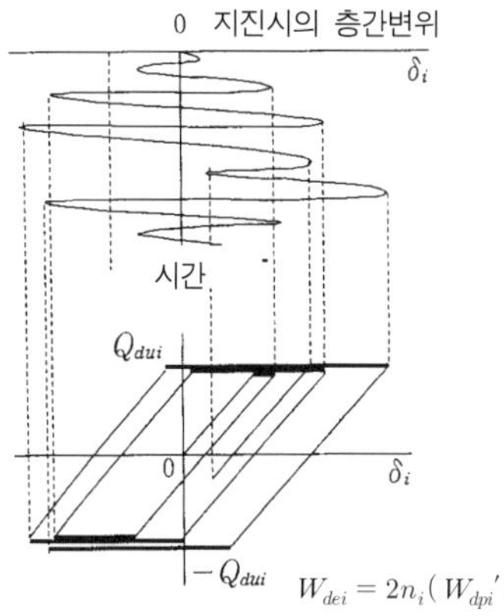

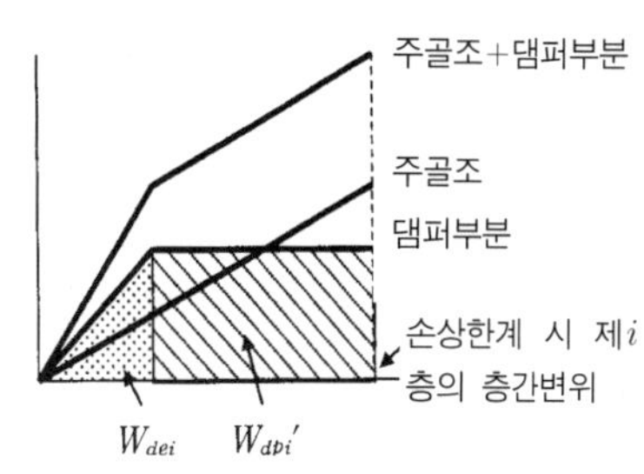

그림 0202.1.2 지진시 층간변위시각력(상) 및 이력곡선(하) 단조가력의 하중변위 관계[우측]

댐퍼부분의 에너지 흡수는 각 층의 댐퍼부분의 최대변형과 누적소성변형의 관계를 나타내는 η_i를 이용해서 계산한다. 드물게 발생하는 지진, 극히 드물게 발생하는 지진에 의해 결정되는 η_i의 상한치 및 하한값을 이용함으로써, 댐퍼부분과 주골조의 손상 및 각 층의 최대층간변형각을 안전측으로 평가하는 것을 의도한다. 지진응답해석에 기초해서, 드물게 발생하는 지진 시에는 η_i값 하한값인 2를 이용하고, 중규모 지진시의 검증에 의한 댐퍼부분의 흡수에너지양이 작게 되도록 함으로써 주골조가 흡수할 수 있는 에너지양을 크게 해서 최대층간변형각을 안전측으로 예측한다.

또한 댐퍼부분의 검토는 중규모 지진에 대해서 η_i의 상한값인 10을 이용해서 댐퍼부분의 에너지 흡수능력을 검토한다. 대규모 지진시에도 같은 방법으로 댐퍼부분의 에너지 흡수능력의 검토는 η_i의 상한치($\eta_i = 20$)에 의해 검토한다.

0203 건축물에 작용하는 에너지

지진에 의해 건축물에 작용하는 에너지양을 다음 식에 따라서 계산한다.

$$E_T = \frac{1}{2} M \cdot V_E^2$$

이 식에서, E_T, M 및 V_E는 각각 다음 값을 나타낸다.

E_T : 지진에 의한 건축물에 작용하는 에너지양(단위 : kN · m)

M : 건축물의 지상부분의 전 질량(고정하중 및 적재하중과의 합)을 중력가속도로 나눈 것) (단위 : ton)

V_E : 에너지의 속도환산값(건축물의 감쇠 등을 고려해서 지진에 의한 건축물에 작용하는 에너지양의 속도환산값을 별도로 계산하는 것이 가능할 경우에는 당해 속도환산값으로 사용 가능하다.)

해설

건축물에 작용하는 에너지에 대해서 한계내력계산과 같이 계산의 대상으로는 지상부분만이다. 그러나 여기서 상부구조를 검토할 때, 예를 들어 기초고정 등의 계산상의 제안조건을 가정하는 경우에는, 기초(지하부분)의 검토에 의한 조건을 만족하는 구조방법을 채용하는 등, 상부구조 이외의 성능과의 연속성을 배려할 필요가 있다.

지진에 의한 에너지양을, 건축물 가운데 지상부분의 전 질량 M 및 입력에너지양의 속도 치환치 V_E로부터 계산한다. V_E는 건축물의 주기에 대한 에너지양의 속도치환치의 스펙트럼에 기초한 계산이지만, 이것은 한계내력계산 등에 의해서 지진력의 산정에 사용하는 가속도응답스펙트럼을 유사속도 응답스펙트럼으로 치환하는 것이고, 기본적으로는 같은 레벨의 외력을 상정하는 것이 되지만, 그 이외에는 단주기의 응답이 되는 저층계의 건축물에 대한 저감계수 r이 작성되고, 이것으로부터 V_E를 보정하는 것이 가능하다. 이외에 표층지반에 의한 증폭 및 상호작용의 영향을 고려하는 부분에 있어서도, 한계내력계산과 거의 같이 다루어진다. 에너지법에서는 결과적으로 V_D에 관해서 건축물의 감쇠가 큰 경우 및 상호작용에 따라 지반에 에너지가 소산하는 경우를 상정한 규정이 설정되었고, 따로 값을 설정하는 것도 가능하다.

(1) 지진에 의해 건축물에 작용하는 에너지양의 속도환산값

지진에 의해 건축물에 입력되는 에너지양을 속도환산값으로 표현하여 사용한다. 그리고 에너지양을 계산하기 위한 지진동 입력레벨은 건축물하중기준(KBC)에서 제시한 값을 사용한다.

(2) 에너지법에 의한 지반증폭, 상호작용 계산의 고려방법

지반증폭계수(G_s)는 공학적 기반으로 설정된 지진동에 대한 표층지반의 지진동의 증폭특성을 표현한 것으로서, 상부구조의 검증방법에 관계해서 정해지는 계수이고, 에너지법에서도 한계내력계산에서 나타낸 것을 그에 따라 적용할 수 있다. 그러나 한계내력계산에서 규정된 손상한계 고유주기와 안전한계 고유주기는 각각 T_D와 T_s로 대체하여 적용할 필요가 있다. 또한, 건축물의 지하고정 효과에 의해서 지표면에서 설정된 지진동이 저감하는 현상에 대응한 계수 β도 이에 따라 적용할 수 있다.

(3) 손상한계 고유주기 T_D의 산정

고유주기의 산정은 고유치해석에 의한 것을 기본으로 한다. 이때, 댐퍼부분이 존재하는 경우에는, 어떤 층의 주골조가 손상한계에 도달한 시점에서의 할선강성을 이용해서 계산하는 것으로 한다. 고유치해석을 수행하지 않은 경우는 다음과 같은 방법으로 대체할 수 있다.

① 허용응력도 등 계산에 의한 산출방법(설계용 1차고유주기)

② 한계내력계산에 의한 손상한계 고유주기 T_D의 산출방법

③ 제안된 간략식

①에서는 철골조 건축물의 주기가 짧게 산정되는 경우가 있고, 단주기의 철골조 건축물의 입력에너지를 작게 평가해서 위험측이 되는 경우도 있으므로 주의를 요한다. ②는 일차 자극관계를 사용해서 계산하면 정밀해를, 가속도의 분포계수로서 bd_i를 사용하면 근사해가 각각 주어지는 것이 된다. ③은 예를 들면 Akiyama에 의해 제안된 다음의 간략식이 있다. 이 식은 1층의 강성을 기본으로 주기를 산정하기 때문에, 1층의 강성이 다른 층에 비해서 극단적으로 다른 경우에는 정확도가 떨어지므로 주의한다.

$$T = 2\pi\sqrt{M\kappa_1/k_1}$$

여기서, M : 건축물의 지상부분의 총질량

k_1 : 제1층의 강성, $\kappa_1 = 0.48 + 0.52N$ (N : 지상부분의 층수)

이다.

0204 설계용 에너지스펙트럼

0204.1 설계용 에너지스펙트럼

설계용 에너지스펙트럼은 다음과 같이 규정한다.

지반	V_E	조건
S_A 지반	$V_E = 156T$ [cm/s]	$T \le 0.192s$
	$V_E = 30T$ [cm/s]	$T > 0.192s$
S_B 지반	$V_E = 156T$ [cm/s]	$T \le 0.321s$
	$V_E = 50$ [cm/s]	$T > 0.321s$
S_C 지반	$V_E = 156T$ [cm/s]	$T \le 0.513s$
	$V_E = 80$ [cm/s]	$T > 0.513s$
S_D 지반	$V_E = 156T$ [cm/s]	$T \le 0.641s$
	$V_E = 100$ [cm/s]	$T > 0.641s$
S_E 지반	$V_E = 156T$ [cm/s]	$T \le 0.833s$
	$V_E = 130$ [cm/s]	$T > 0.833s$

해설

지금까지의 내진설계법에서는 내력과 변형이라고 하는 직감적으로 이해하기 쉬운 물리량을 안전성 검증의 척도로 사용하고 있으나, 에너지평형에 근거한 내진설계법에서는 보다 안정되고 내력과 변형을 동시에 고려할 수 있는 에너지를 기준으로 하고 있다.

1자유도계에서의 진동방정식은 다음 식과 같다.

$$M\ddot{y} + C\dot{y} + F(y) = F_e \qquad (0204.1.1)$$

여기서, M : 질점의 질량

$C\dot{y}$: 질점의 감쇠력

$F(y)$: 복원력(=ky)

F_e : 지진력(=$-M\ddot{y}_0$, $\ddot{y}_0$: 지진가속도)

위 식의 양변에 $dy = \dot{y}\,dt$를 곱하여 지진계속시간(t_0)에 대하여 적분하면 다음과 같은 식이 얻어진다.

$$M\int_0^{t_o}\ddot{y}\dot{y}dt + C\int_0^{t_o}\dot{y}^2\,dt + \int_0^{t_o}F(y)\dot{y}dt = \int_0^{t_o}F_e\dot{y}dt \qquad (0204.1.2)$$

식(0204.1.2)의 우변은 지진력(F_e)×변위로 지진에 의한 총입력에너지가 된다. 또한 지진에 의해 건축물에 입력되는 총에너지 E_T는 다음의 식에 의해서도 구해질 수 있다.

$$E_T = \frac{1}{2}MV_E^2 \qquad (0204.1.3)$$

여기서, V_E는 속도의 차원을 갖는 양으로 에너지 등가속도이며 다음 식으로 표현된다.

$$V_E = \sqrt{\frac{2E_T}{M}} \qquad (0204.1.4)$$

국내의 설계용 스펙트럼을 제시하기 위하여 미국의 PEER의 지반분류별 지진기록 239개를 사용하여 에너지스펙트럼을 조사하였다. 각 지진파의 크기는 국내의 내진설계기준에서 제시된 크기와 다르기 때문에 KBC2005에 사용된 가속도 응답스펙트럼을 이용하여 최대가속도를 계산하고, 각 지진파의 가속도 기록에 가속도 배율을 곱하여 최대가속도가 143cm/s^{2}이 되도록 하여 에너지스펙트럼을 지반종별로 분류하여 그림 0204.1.2에 나타내었다. 이를 바탕으로 설계용 에너지스펙트럼을 그림 0204.1.1에 나타내었다.

식(0402.1.4)와 같이 V_E는 지진에 의한 총에너지 입력으로 표현되는 식이므로, 여러 가지 지진들의 V_E를 분석함으로써 지진에 의해 건축물에 입력되는 총에너지량에 대한 평가가 가능하다.

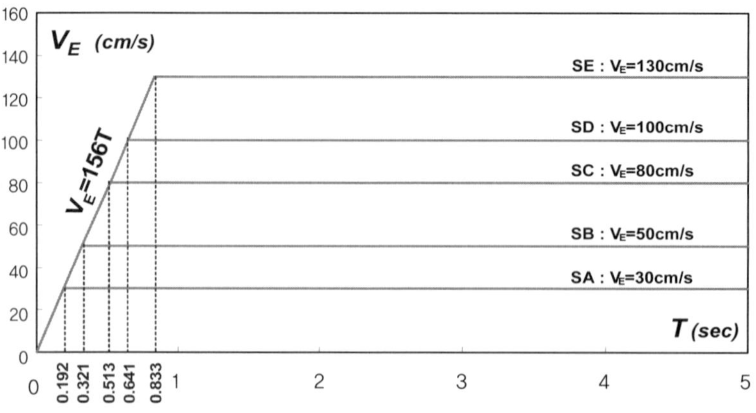

그림 0204.1.1 에너지속도 스펙트럼

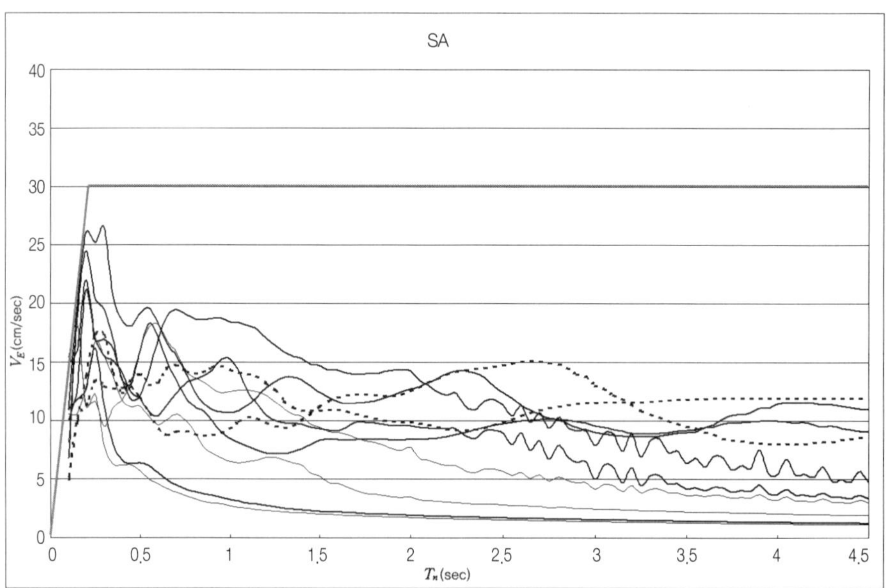

(1) S_A 지반

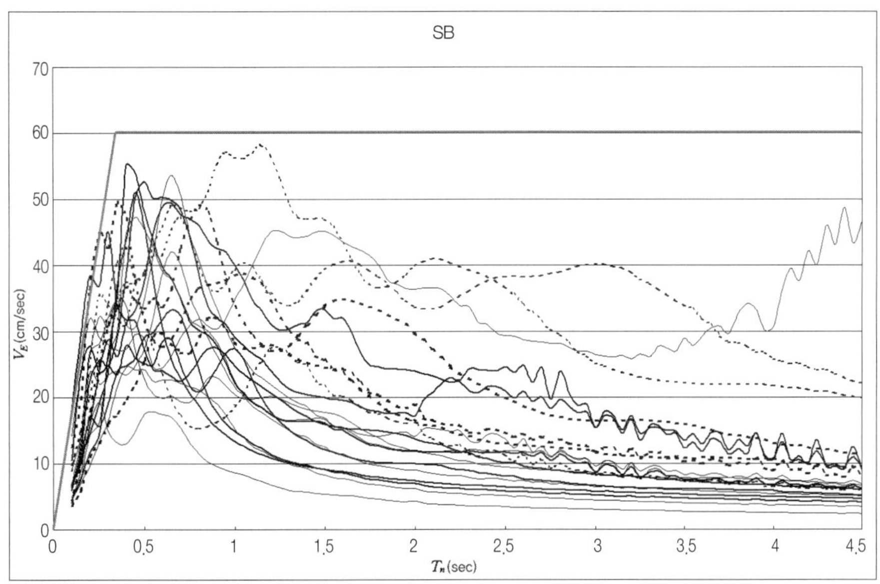
SB
70
60
50
40
30
20
10
0
V_E(cm/sec)
0
0.5
1
1.5
2
2.5
3
3.5
4
4.5
T_n(sec)

(2) S_B 지반

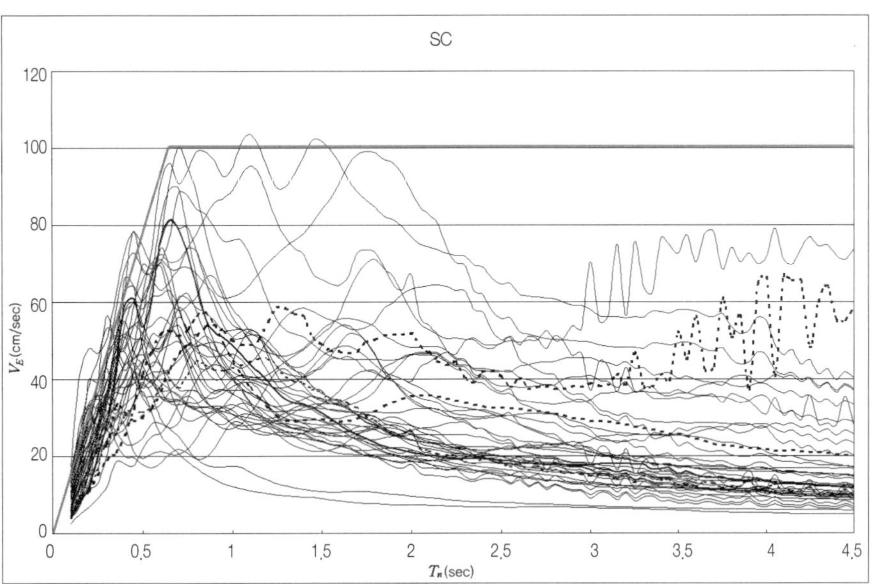
SC
120
100
80
60
40
20
0
V_E(cm/sec)
0
0.5
1
1.5
2
2.5
3
3.5
4
4.5
T_n(sec)

(3) S_C 지반

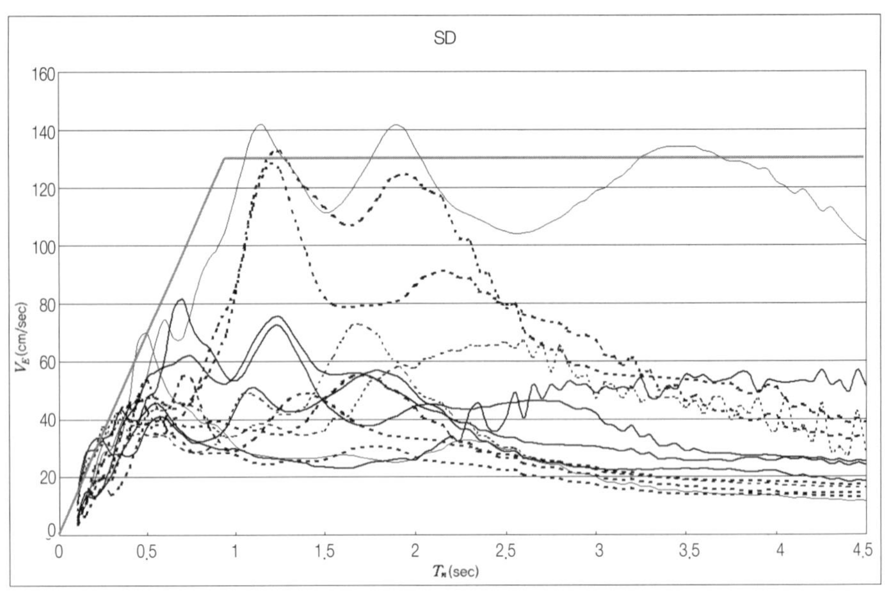

(4) S_D 지반

그림 0204.1.2 지반 종별 설계용 에너지스펙트럼

0204.2 건축물의 손상을 유발하는 지진에너지

실 설계에서는 감쇠에 의한 에너지를 제외한 에너지를 사용하여 건축물을 설계하며, 이를 건축물의 손상을 유발하는 에너지라 한다. 손상을 유발하는 에너지에 대한 등가속도 V_D는 골조 전체의 총에너지 입력에너지에 대한 등가속도 V_E와 골조의 감쇠정수 h로부터 다음 식으로 산정한다.

$$V_D = \frac{1}{1+3h+1.2\sqrt{h}} V_E$$

여기서, h는 건축물의 감쇠정수이다.

해설

건축물의 전체 손상에너지 E_D는 누적소성변형에너지 W_p와 탄성변형에너지 W_e의 합에 의해 다음과 같이 구한다.

$$E_D = W_p + W_e \qquad (0204.2.1)$$

또한 E_D는 속도환산값 V_D에 의해 다음과 같이 나타낸다.

$$E_D = \frac{1}{2} M {V_D}^2 \qquad (0204.2.2)$$

이 건축물의 손상을 유발하는 에너지의 속도환산값 V_D는 골조 전체의 총에너지 입력에너지에 대한 등가속도 V_E와 골조의 감쇠정수 h로부터 다음 식으로 산정한다.

$$V_D = \frac{1}{1 + 3h + 1.2\sqrt{h}} V_E \qquad (0204.2.3)$$

제 3 장

제진장치

0301 일반사항

> 제진장치는 건축물의 안전성 향상 및 진동을 제어하기 위하여 건축물에 특수하게 설치하는 장치를 말한다.

해설

내진구조가 가정한 지진력에 대해 견딜 수 있게 설계한 구조라고 한다면, 제진·면진구조는 지진응답을 제어하는 성질 혹은 장치를 갖춘 구조이다. 면진구조는 넓은 의미에서는 제진구조의 특성 중에 한 부분을 차지하고 있으므로, 제진구조의 범위에 포함된다고 할 수 있다. 지진응답을 제어한다는 것은 결국 공진현상이 발생하지 않도록 하는 것이다. 공진현상을 피하기 위해서는, 건축물에 큰 감쇠력을 주는 방법과 지진동이 매우 강한 주기대를 피해서 건축물을 설계하는 방법을 생각할 수 있다. 이를 실현할 수 있도록 특수한 장치를 건축물에 설치함으로써, 건축물의 진동을 작게 하고 안전성을 향상시키는 것이 제진구조이다.
이러한 제진구조를 실현하기 위해서는 일반적으로 다음과 같은 5가지 방법을 제시할 수 있다.

① 지진에너지 전달경로 자체를 차단한다.
② 건축물의 주기대가 지진동의 주기대를 피하도록 한다(피공진).
③ 비선형 특성을 주어 비정상 비공진계로 한다.
④ 제어력을 부가한다.
⑤ 에너지 흡수기구를 이용한다.

위의 항목 중에 ①과 ②는 면진구조의 구성원리에 가깝다고 할 수 있다. ①의 경우는 [그림 0301.1.1(a)] 협의의 의미로 보면 면진구조의 원리라고 생각할 수 있다.

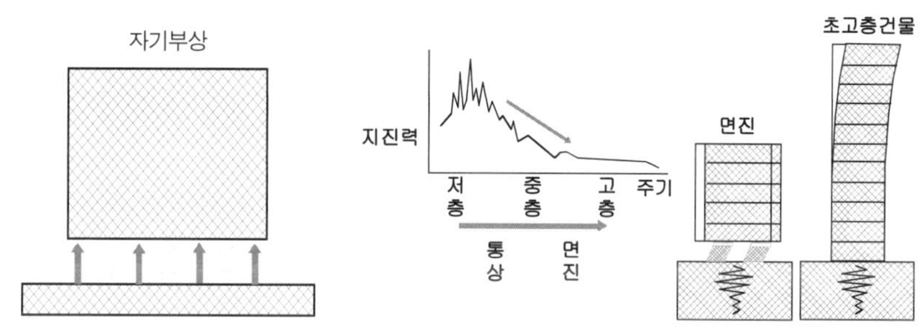

(a) 지진력을 전달시키지 않는다.   (b) 지진동의 주기대를 피한다.

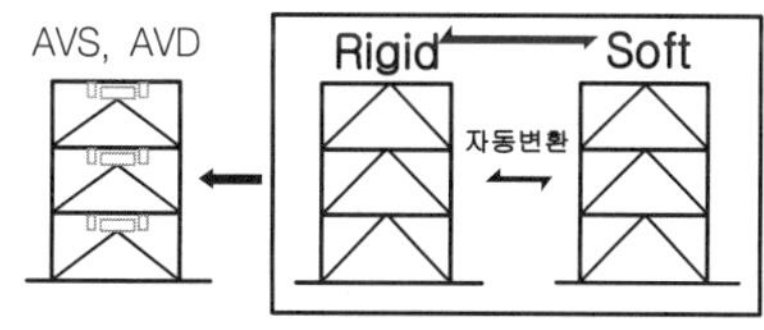

(c) 비공진계를 유도한다.

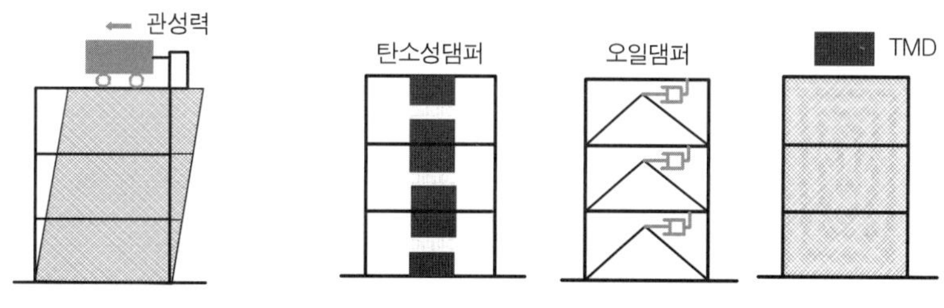

(d) 제어력을 부가한다.   (e) 에너지 흡수 기구를 설치한다.

그림 0301.1.1 제진구조의 원리

가장 간단하게 생각하면, 건축물을 자력부상 등의 원리를 이용하여 건축물을 부상시키면 지진력에 의한 에너지 전달경로를 차단시킬 수 있다. 면진구조는 본래 건축물을 지반으로부터 절연시키는 장치를 건축물의 기초부분에 설치하는 구조이다.

그러나 건축물 전체 중량을 지지할 수 있는 강도와 강성, 그리고 수평방향으로 움직일 수 있는 장치의 설계는 매우 어려우며, 현재 여러 방안이 제시되고 있으나, 완전한 면진장치를 실현시키기 위해서는 아직 기술적으로 해결해야 할 과제가 많이 남아있다.

②의 경우 그림 0301.1.1(b)는 그림 0204.1.2의 응답스펙트럼에서도 알 수 있듯이 건축물의 고유주기를 장주기로 하여 지진동과의 공진을 피하는 원리이다. 이에 해당하는 것이 초고층 건축물과 현재 실용화되어 있는 적층고무에 의한 면진구조이다. 본래 면진구조는 완전한 전달경로 차단을 목표로 하고 있으나, 적층고무로 건축물을 지지하는 면진은 피공진 방식에 해당된다.

③의 경우는 건축물의 구조특성에 비선형 특성을 주어서 비정상 비공진계로 하는 것이다[그림 0301.1.1(c)]. 이것은 조금 어려운 표현이기는 하나, 비정상성의 특성을 가지고 있는 지진동에 대응하기 위해서는 건축물의 구조특성도 비정상으로 하면 된다는 것이다. 이를 위해서는 각 시각마다 건축물 스스로 그 구조특성을 변화시킬 수 있는 액티브(active) 제어가 필요하게 된다. 건축물의 구조특성 중에 중량을 변화시키는 것은 매우 어렵기 때문에 보통 건축물의 고유주기를 변화시키는 방법을 택하고 있다. 이렇게 하여 비정상성을 가지는 지진동에 대해서도 지진파의 세력이 약한 주기대로 건축물의 주기를 변동시켜 공진이 일어나지 않도록 하는 방식이다.

④의 경우는 그림 0301.1.1(d)와 같이 지진동에 의해 유발되는 응답을 제어하기 위한 힘을 부가하는 방법으로 능동형 제진의 대표적인 예라 할 수 있다.

⑤의 에너지 흡수기구를 이용하여 감쇠력을 부가하는 방식[그림 0301.1.1 (e)]은 물체의 운동에너지를 흡수하는 감쇠장치로 댐퍼 혹은 완충기를 이용할 수 있다. 완충기는 충돌시의 운동을 정지시킨다든지 비교적 큰 에너지를 단시간에 흡수할 목적으로 사용된다. 댐퍼는 진동을 급속히 감쇠시키거나 공진을 억제시킴으로써 진동에너지를 흡수할 목적으로 사용된다. 따라서 제진구조에 주로 이용되는 것은 댐퍼이다.

댐퍼는 기계분야에서는 오래전부터 사용되어져 왔으나 건축구조에서는 거의 사용되지 않았다. 건축구조용 댐퍼는 기계에서 사용되는 것보다 훨씬 대형의 장치가 필요하고, 건축 단위중량당 단가를 고려하면 비용이 매우 낮아야 하는 어려움이 있다. 제진구조용 댐퍼의 실용화를 위하여 많은 댐퍼가 개발되어 있고, 그 종류는 크게 점성댐퍼, 마찰댐퍼, 탄소성댐퍼 등으로 분류할 수 있다.

0302 제진장치의 종류

제진구조에 사용되는 제진장치는 진동제어방식에 따라 다음과 같이 분류할 수 있다.

(1) 능동형 제진구조

(2) 수동형 제진구조

(3) 혼합형 제진구조

해설

(1) 제진장치의 분류

제진구조는 컴퓨터와 기계장치를 이용한 제어에 의해 가동되는 능동형(active), 건축물 각 부에 감쇠장치를 설치하는 등, 흔들림에 따라 자연스럽게 가동하는 수동형(passive) 및 양자를 병용한 혼합형으로 크게 3가지로 분류할 수 있다.

혼합형은 능동형의 시스템과 수동형의 시스템을 하나의 구조에 병용하여 상승효과를 기대하는 것이다.

표 0302.1.1에 제진장치를 분류하였다. 기본적으로는 능동형과 수동형이다. 능동형의 경우, 건축물의 진동을 억제하기 위해서는 기본적으로 컴퓨터 등의 정밀기계를 사용하여 제어하기 때문에 지진, 바람과 같은 횡력의 작용에 대한 억제효과는 매우 크다고 할 수 있다. 그러나 능동형 제진구조를 실현하고 유지하기 위해서는 장치제작에 소요되는 비용과 기계작동 여부에 대한 수시점검 등에 따른 유지관리 비용이 많이 들게 된다. 그

리고 지진 다발지역인 일본에서도, 제진구조가 적용되기 시작한 단계에서는 수동형의 제진구조시스템이 주류를 이루었으나, 1990년대에 접어들면서 능동형이 중심을 이루게 되었다. 그러나 최근 몇 년간은 능동형 제진구조시스템의 적용에 따른 초기 제작비용 상승, 유지관리비 상승 및 지진 발생 시에 능동형 제진장치의 작동에 대한 신뢰성 문제 등을 이유로 다시 수동형의 제진구조시스템이 늘어나고 있는 실정이다. 따라서 우리나라와 같이 지진이 크지 않은 나라에서는 중요도가 매우 크고 지진 제어효과를 크게 기대해야 할 소수의 특수 건축물을 제외한다면, 제작비용 및 유지관리비가 적게 드는 수동형의 제진구조시스템을 중심으로 발전될 가능성이 클 것으로 판단된다.

표 0302.1.1_ 제진장치의 분류

<table>
<tr><td rowspan="10">제진장치</td><td rowspan="5">능동형
(Active)</td><td rowspan="2">제어력 부가방식</td><td>중추의 이용
- AMD
- HMD
- APTMD</td></tr>
<tr><td>액티브 텐던</td></tr>
<tr><td rowspan="3">구조특성가변방식
(비정상 비공진)</td><td>가변강성
- AVS</td></tr>
<tr><td>가변감쇠
- AVD</td></tr>
<tr><td>액티브 면진</td></tr>
<tr><td rowspan="4">수동형
(Passive)</td><td rowspan="3">감쇠부가방식
(에너지 흡수기구)</td><td>중추의 이용
- TMD(동흡진기)
- 슬롯싱 댐퍼</td></tr>
<tr><td>층간댐퍼
- 탄소성댐퍼(강재, 납)
- 마찰댐퍼
- 오일댐퍼
- 점성댐퍼</td></tr>
<tr><td>동간댐퍼
- 조인트 댐퍼</td></tr>
<tr><td>피공진 방식</td><td>면진
- 건축물면진
- 바닥면진</td></tr>
<tr><td>혼합형
(Hybrid)</td><td colspan="2">능동형과 수동형을 조합해서 사용
예) AMD와 TMD 조합 : ATMD</td></tr>
</table>

(2) 지진력에 대한 건축물의 기능분담

표 0302.1.2는 제진구조시스템이 외력조건에 어떻게 기능을 분담하는지를 나타낸 것이다. 내진구조에서는 건축물의 각 부재가 연직하중에 대한 지지기능과 수평하중에 대한 저항기능을 동시에 수행해야 하며, 내진성능은 골조의 에너지 흡수능력에 모두 의존하게 된다. 이 경우, 골조는 연직하중 및 수평하중의 작용에 의해 발생하는 조합응력에 저항해야 하므로, 부재설계가 어려워지고 단순·명쾌한 구조설계 프로세스를 얻기 힘들다. 반면, 면진구조의 경우는 연직하중에 대한 지지기능은 골조와 압축력에 강한 적층고무가 동시에 분담하고, 수평력에 대한 저항은 면진층의 적층고무가, 에너지 흡수기능은 댐퍼가 분담하게 된다. 한편, 제진구조는 연직하중에 대해서는 골조가 저항하게 된다. 수평력에 대한 저항기능은 골조가 일부 분담하기는 하나 거의 대부분은 제진장치가 그 기능을 수행하며, 댐퍼가 제진부재로서 에너지 흡수기능의 역할을 수행하게 된다. 면진구조와 제진구조의 골조는 기본적으로 연직하중만 분담하면 되고, 수평력에 대한 저항기능은 에너지 흡수기능을 가진 댐퍼 등에 의해 수행되므로 골조의 기능분담이 내진구조에 비해 훨씬 줄어든다는 이점이 있다. 어차피 장기하중으로 작용하는 연직하중에 대해서는 탄성설계가 필요하므로, 골조는 탄성설계에 의해 구조설계를 하면 된다. 이러한 경우, 골조의 구조설계는 매우 간단해지며, 수평력에 대한 저항은 에너지 흡수능력이 뛰어난 댐퍼가 분담하므로 골조는 수평력 분담이라는 제약에서 벗어날 수 있다.

지진시에 건축물에 작용하는 입력에너지(E)는 운동에너지(W_{ek})·감쇠이력에너지(W_h)·탄성변형에너지(W_{es})·소성변형에너지(W_p)로 나눌 수 있다. 구조 종별로 지진입력 에너지의 건축물 내부에서의 배분방식을 표 0302.1.3에 나타내었다. 표 0302.1.3에서 각 에너지양의 첨자 f 및 d은 각각의 건축물 및 부가시킨 기구를 나타낸다.

종래의 내진구조에서, 탄성설계에 의해 설계된 경우에는 구조부재가 소성역에 진입하지 않으므로 ${}_fW_p$는 0이 되고, 상대적으로 ${}_fW_{es}$가 크게 되어 구조부재에 발생하는 탄성응력이 커진다.

표 0302.1.2_ 각종 구조에서 주된 기능분담

분류	내진구조	면진구조	제진구조
1. 연직력 지지기능	골조/기둥 · 보	골조/기둥 · 보 적층고무(면진층)	골조/기둥 · 보
2. 수평력 저항기능	골조/기둥 · 보 · 벽	적층고무(면진층)	골조/기둥 · 보 · 벽 제진부재(각층 · 집중)
3. 에너지 흡수기능	골조/기둥 · 보 · 벽	댐퍼(면진층)	골조/기둥 · 보 · 벽 댐퍼(각층 · 집중)

표 0302.1.3_ 각종 구조에서의 에너지 분담률

건축물	설계방법	주요건축물				부가 기구			
		${}_{f}W_{ek}$							
종래구조 (내진구조)	① 탄성설계법	○	○	◎	–	–	–	–	–
	② 탄소성설계법	○	○	○	◎	–	–	–	–
제진구조	③ 면진구조	○	○	○	△	–	◎	○	◎
	④ 질량효과 기구	○	○	○	△	○	◎	○	–
	⑤ 이력감쇠 기구	○	○	○	△	–	–	–	◎
	⑥ 점성감쇠 기구	○	○	○	△	–	◎	–	–

◎: 매우 많음, ○: 많음, △: 보통

한편, 탄소성설계에 의한 경우는 ${}_{f}W_{p}$의 효과에 의해 ${}_{f}W_{es}$가 작게 되고, 탄성설계법에 비해 필요 구조부재 내력이 작아지게 된다. 그러나 ${}_{f}W_{p}$를 향상시키기 위해서는 소성화하는 구조부재는 충분한 인성을 필요로 한다.

면진구조의 경우에는 보통 상부구조는 탄성범위에 머물기 때문에 ${}_{f}W_{p}$는 0이 되는 경우가 많으나, ${}_{d}W_{es}$가 크게 되어 결과적으로는 ${}_{f}W_{es}$가 작게 되고, 건축물에 작용하는 전단력이 작아지게 된다. 분리장치에 의해 건축물이 장주기화 하므로, 장주기화에 의한 입력에너지 자체가 감소하는 효과를 동시에 이용할 수 있다. 면진구조에서는 ${}_{d}W_{es}$의 형태로 분리장치에 에너지가 축적되기 때문에, 지진동이 피크를 지나서 작아진 후에도 전체의 진동이 좀처럼 감쇠되지 않는 경향이 있다. 이 때문에 감쇠기구를 적극적으로 이용하여, ${}_{d}W_{h}$ 또는 ${}_{d}W_{p}$의 형으로 에너지를 소비할 필요가 있다.

질량효과 기구는 건축물과는 별도로 부가기구가 진동하는 것으로, 부가기구가 ${}_dW_{ek}\cdot{}_dW_{es}$를 가지며, 그것이 건축물계의 ${}_fW_{es}$를 감소시키는 작용을 한다. 이 기구에서는 ${}_dW_{es}$의 형으로 부가질량계의 내부에 에너지가 축적되므로 면진구조와 같이 감쇠장치를 부가하여 ${}_dW_h$의 형으로 에너지 소비를 적극적으로 할 필요가 있다.

이력감쇠형 기구는 비교적 조기에 항복하여 탄소성성상을 나타내는 이력감쇠기구를 건축물계에 부가시키는 것이다. 부가기구로서는 ${}_dW_p$만을 기대하고, 이에 의해 ${}_fW_e$를 감소시키는 것이다. 이 기구는 탄소성 상태에서 이용하기 때문에 반복하중에 대해서 안정된 이력성상을 가지도록 하는 것이 중요하다.

점성감쇠기구는 댐퍼부분에 작용한 속도에 비례하여 에너지를 흡수하는 것이며 ${}_dW_h$의 형으로 에너지를 분담한다.

0303 이력댐퍼의 성능

0303.1 이력댐퍼의 보유성능

이력댐퍼는 지진에 의해 건축물에 작용하는 에너지를 흡수하기 위한 부재로서, 지진에 의한 반복변형을 받은 후에도 강성 및 내력이 저하해서는 안 되며 다음과 같은 성능을 가져야 한다.

(1) 작은 지진에서 주골조의 사용성 확보를 위해서 탄성강성이 커야 한다.

(2) 지진에 의한 에너지를 많이 흡수하기 위해서 소성변형능력이 커야 한다.

해설

골조의 손상을 제어하기 위해서는 그림 0303.1.1에 나타낸 바와 같이 한 층에 수평하중에 대한 강성이 작은 주골조와 탄성강성이 크고 소성변형능력이 우수한 댐퍼를 혼합배치하면 구조시스템 전체는 안정된 복원력 특성을 나타내고, 항복 후에도 소성변형능력이 풍부한 구조시스템으로 설계할 수 있다. 이러한 구조시스템의 주골조는 대부분 수평강성이 작지만,

댐퍼는 탄성강성이 크고 소성변형능력이 풍부하여 소성변형에 의해 지진에너지를 많이 흡수할 수 있는 장점이 있다.

이렇게 두 가지 요소를 혼합하여 배치하면 두 요소는 수평하중에 대해 병렬저항을 하게 되어 항복변위가 작은 댐퍼가 먼저 항복하고, 주골조의 항복변위는 크기 때문에 주골조가 항복하기 전에 댐퍼가 소성변형에 의해 충분히 지진에너지를 흡수할 수 있게 되며, 시스템이 항복한 후에도 소성변형능력을 충분히 발휘하여 내진성능도 향상될 수 있다. 따라서 주골조의 손상을 방지하면서 충분한 에너지를 흡수할 수 있다고 할 수 있다.

기존의 가새골조방식도 주골조에 비해 탄성강성이 큰 가새를 사용함으로써 댐퍼를 설치한 제진구조와 같은 강한 구조로 생각할 수 있으나, 가새골조는 좌굴 후에 내력이 떨어지고 소성변형능력이 떨어지기 때문에, 주골조와 댐퍼로 이루어진 제진구조시스템에 비해서 내진성능이 떨어진다고 할 수 있다.

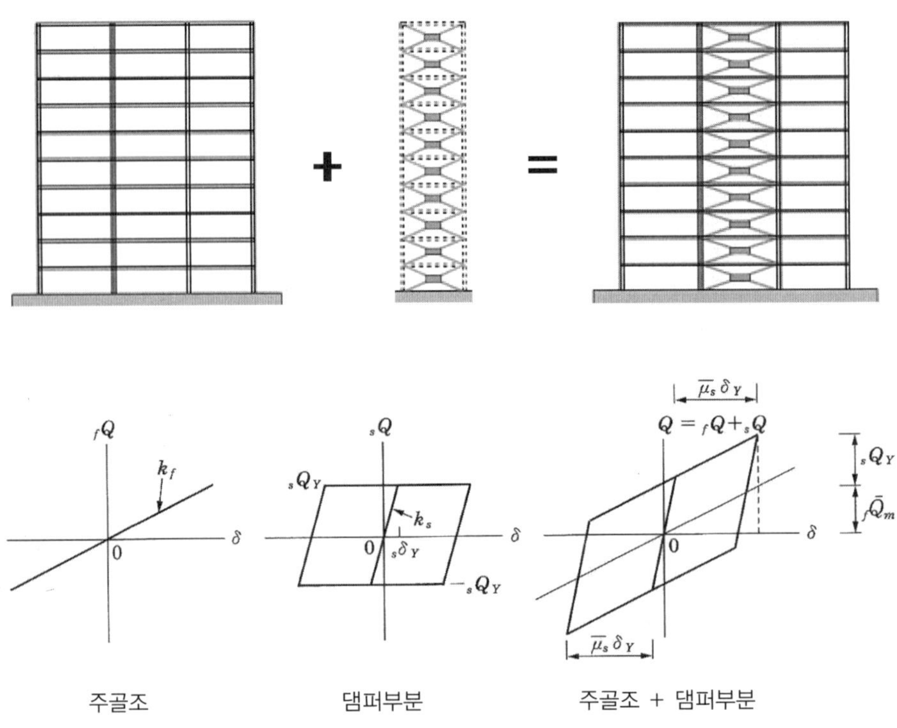

그림 0303.1.1 주골조와 댐퍼의 이력특성

0303.2 이력댐퍼의 종류

지진에 대비하여 사용하고 있는 에너지 흡수장치 중에서, 신뢰성, 고에너지 흡수능력 및 제작의 편리성 등을 고려하여, 이 지침에서는 다음에 나타낸 댐퍼를 사용하는 것으로 한다.

(1) 휨 및 전단 저항형 슬릿플레이트댐퍼

(2) 휨 저항형 강봉댐퍼

해설

(1) 슬릿플레이트댐퍼는 그림 0303.2.1에 나타낸 것 같이 강판에 슬릿을 두어 각각의 스트럿이 지진에 의한 전단력에 저항하도록 한다. 슬릿 단부는 응력집중을 피하기 위해서 반지름을 갖는 반원의 형태로 하였다. 또한, 전단력에 저항하는 방법에 따라 휨형 및 전단형 슬릿플레이트댐퍼로 분류할 수 있다. 스트럿의 높이에 대한 스트럿 폭의 비가 작을수록 휨형에 가까워지고, 이 비가 클수록 전단형에 가까워진다.

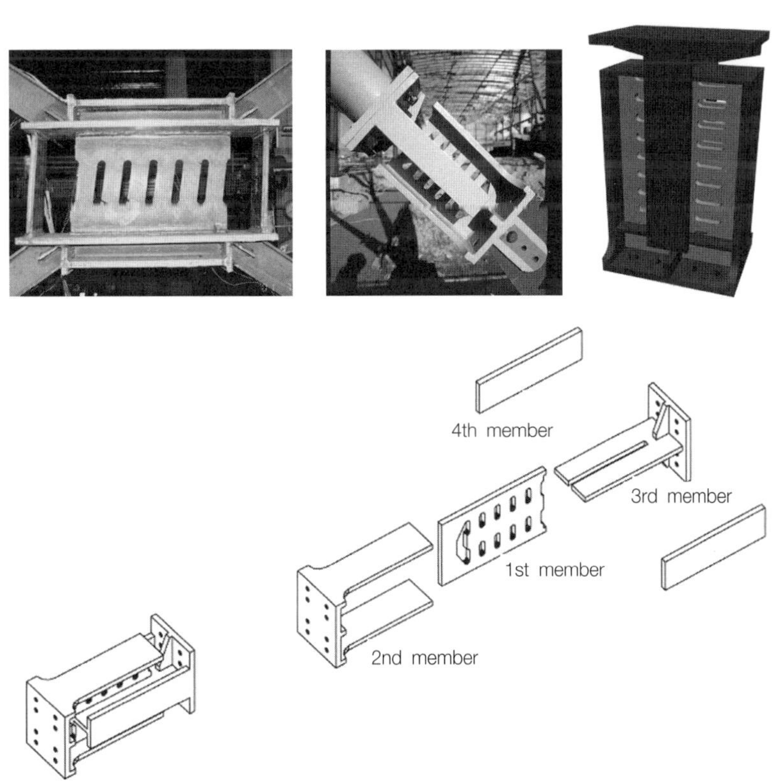

그림 0303.2.1 슬릿플레이트댐퍼

(2) 강봉댐퍼는 그림 0303.2.2에 나타낸 것 같이 강봉이 수평력을 저항하도록 한 댐퍼를 말한다. 강봉댐퍼는 봉의 특성상 휨 저항형으로 설계한다. 또한, 봉의 단부에 응력집중이 발생하지 않도록 하기 위해서 강봉 중앙부의 단면을 작게 제작한다. 강봉댐퍼는 방향성이 없기 때문에 지진입력 방향에 관계없이 내진성능을 일정하게 발휘할 수 있는 장점이 있다.

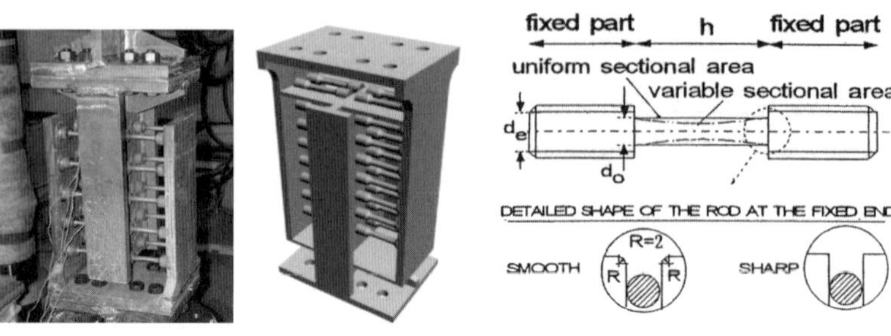

그림 0303.2.2 강봉댐퍼

0303.3 이력댐퍼의 특성

0303.3.1 댐퍼의 특성값

이력댐퍼를 건축물에 적용하기 위해서는 댐퍼의 특성값을 알아야 한다. 그림 0303.3.1은 댐퍼의 복원력 특성을 무차원화 한 하중-변위곡선을 나타낸 것이다. 복원력 특성에 표시된 특성값은 댐퍼종류별로 표 0303.3.1에 나타내었다. 각 이력댐퍼의 항복강도, 항복변위 및 초기강성을 구하는 방법은 0402.10절의 이력댐퍼의 설계에 설명되어 있다. 경우에 따라서는 강재 이력댐퍼의 복원력 특성을 Bi-linear로 모델화하여 사용할 수 있다.

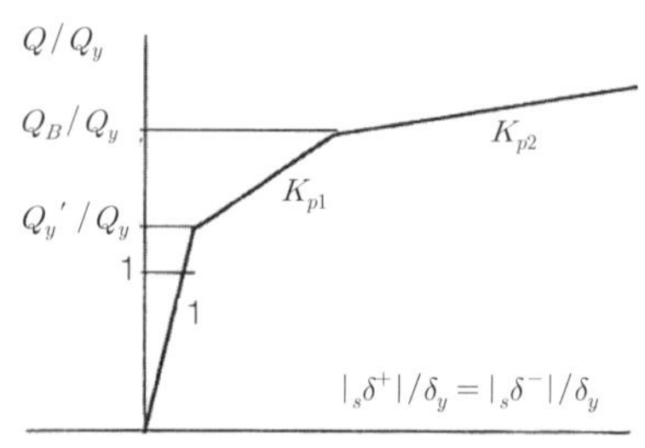

그림 0303.3.1 댐퍼의 복원력 특성

표 0303.3.1_ 댐퍼의 특성값

Type		Q_y' / Q_y	$k_{p1} = K_{p1} / K_e$	$k_{p2} = K_{p2} / K_e$	u^*	b^*
슬릿플레이트 댐퍼	휨 저항형	1	1/25	1/125	4.02	1.325
	전단 저항형	1	1/75	1/225	4.02	1.325
강봉댐퍼	휨 저항형	1	1/25	1/120	4.07	1.710

Q_y, Q_B : 댐퍼의 항복강도 및 최대강도

K_e, K_{p1}, K_{p2} : 댐퍼의 탄성강성 1차, 2차 소성강성

k_{p1}, k_{p2} : 무차원화 한 댐퍼의 1차 및 2차 소성강성

u : 댐퍼의 에너지 흡수능력의 지표를 나타내는 계수

b : 총에너지 흡수능력의 특성값

* : 이 지침에서는 댐퍼의 강도를 나타내는 식에 사용됨.

0303.3.2 에너지 흡수능력

골조가 흡수하는 에너지를 구하기 위하여 그림 0303.3.2에 나타낸 방법으로 하중-변형 관계를 골격부(Skeleton part), 연화부(바우싱거(Bauschinger part))부, 탄성제하(Elastically unloaded part)부로 분해할 수 있다. 특히, 골격부는 단조 가력한 경우의 하중-변위관계와 잘 대응되어, 골격부의 변형량을

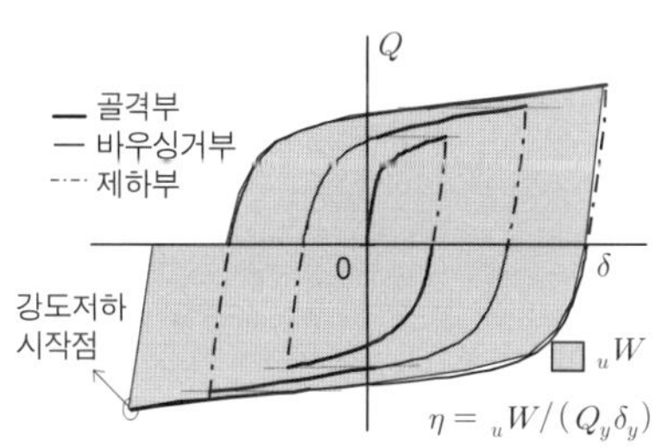

(a) 이력곡선의 예

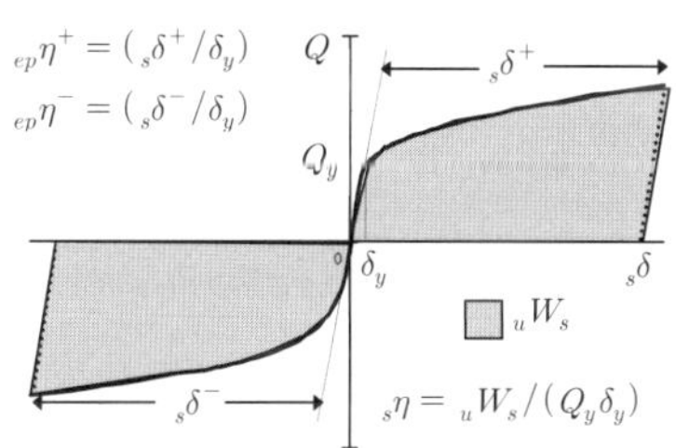

(b) 골격부

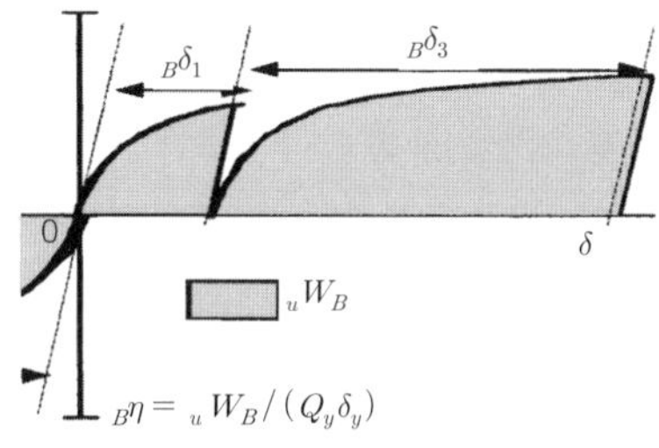

(c) 바우싱거부

그림 0303.3.2 이력곡선의 분해

통해 변형능력을 평가하는 것이 가능하다.

골격부와 바우싱거부를 분해하는 방법은 동적인 외적하중에 대한 응답해석을 수행할 경우, 건축물의 복원력 특성을 구축하는 데에도 유효하다. 골격부의 외견상의 누적소성변형배율 ${}_{eq}\eta$, 골격부의 누적소성변형배율 ${}_{s}\eta$, 바우싱거부의 누적소성변형배율 ${}_{B}\eta$, 누적소성변형배율 η을 정의한다.

(1) ${}_{eq}\eta$: 골격부의 외견상 누적변형배율

그림 0303.3.2에 표시한 골격부의 정(+)·부(−) 영역의 누적소성변형을 ${}_{s}\delta^{+}$, ${}_{s}\delta^{-}$로 한다면, 외견상의 누적소성변형배율에 대한 의미를 가진 ${}_{eq}\eta$는 다음의 식에 의해 표현이 된다.

$$ {}_{eq}\eta = |{}_{eq}\eta^{+}| + |{}_{eq}\eta^{-}| = \frac{|{}_{s}\delta^{+}| + |{}_{s}\delta^{-}|}{\delta_{y}} \qquad (0303.3.1) $$

(2) ${}_{s}\eta$: 골격부의 누적소성변형배율

$$ {}_{s}\eta = \frac{{}_{u}W_{s}}{Q_{y}\delta_{y}} \qquad (0303.3.2) $$

여기서, ${}_{u}W_{s}$는 그림 0303.3.2(b)에 표시된 골격부에서의 총에너지 흡수량이다.

(3) ${}_{B}\eta$: 연화부의 누적소성변형배율

$$ {}_{B}\eta = \frac{{}_{u}W_{B}}{Q_{y}\delta_{y}} \qquad (0303.3.3) $$

여기서, ${}_{u}W_{B}$는 그림 0303.3.2(c)에 표시된 연화부의 총에너지 흡수량이다.

(4) η : 누적소성변형배율

η은 다음의 식으로 정의된다.

$$ \eta = {}_{s}\eta + {}_{B}\eta $$

(0303.3.4)

이 지침에서는 댐퍼의 에너지 흡수능력이 설계에 반영되므로 에너지 흡수능력

을 정량적으로 파악하는 것이 중요하다. 그림 0303.3.3은 에너지 흡수량을 정량적으로 파악하기 위해 슬릿플레이트댐퍼와 강봉댐퍼의 에너지 흡수능력을 그래프로 나타낸 것이다. 그림은 외견상 골격부의 변형능력이 증가할수록 골격부의 에너지 흡수능력은 증가하고, 연화부의 에너지 흡수능력은 감소하는 것을 나타낸다. 따라서 댐퍼의 골격부 곡선의 변형능력이 커질수록 댐퍼의 총에너지 흡수능력은 저하하는 것을 알 수 있다.

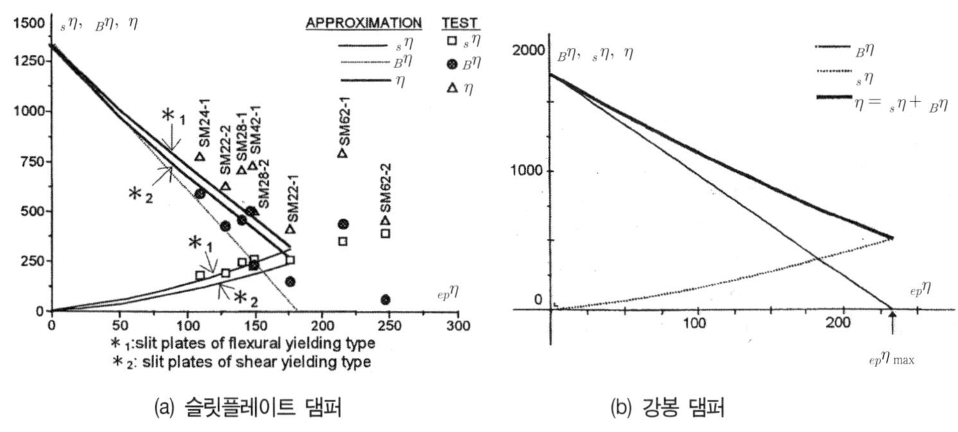

(a) 슬릿플레이트 댐퍼 (b) 강봉 댐퍼

그림 0303.3.3 댐퍼의 에너지 흡수능력

0303.4 이력댐퍼의 설치형태

이력댐퍼의 설치형태는 크게 다음과 같이 나타낼 수 있다.

(1) 연결부재에 의해서 설치되는 형태

(2) 주골조에 직접 설치되는 형태

해설

(1) 연결부재에 의해서 설치되는 형태

① 브레이스재를 연결부재로 사용[그림 0303.4.1(a)]

② 수직부재를 연결부재로 사용[그림 0303.4.1(b)]

③ 전단벽을 연결부재로 사용[그림 0303.4.1(c)]

④ 브레이스재와 댐퍼가 직렬연결이 되도록 사용[그림 0303. 4. 1(d)]

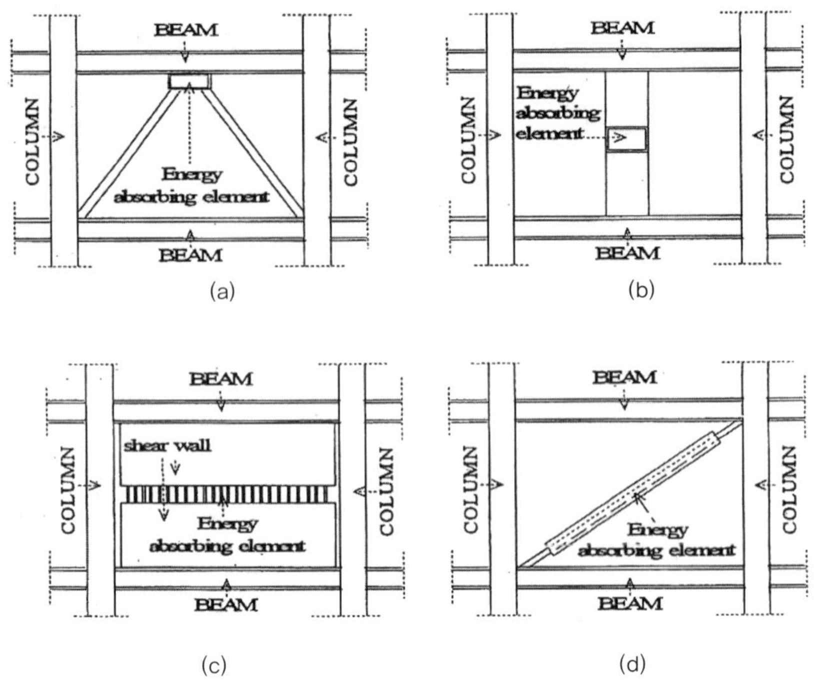

그림 0303.4.1 이력댐퍼의 설치형태 : 연결부재를 사용

(2) 주골조에 직접 설치되는 형태

그림 0303.4.2는 이력댐퍼를 주골조의 보 단부에 직접 연결하여 사용하는 형태를 나타낸다. 이 방법은 보항복형 모멘트골조를 실현하는 형태로 볼 수 있다.

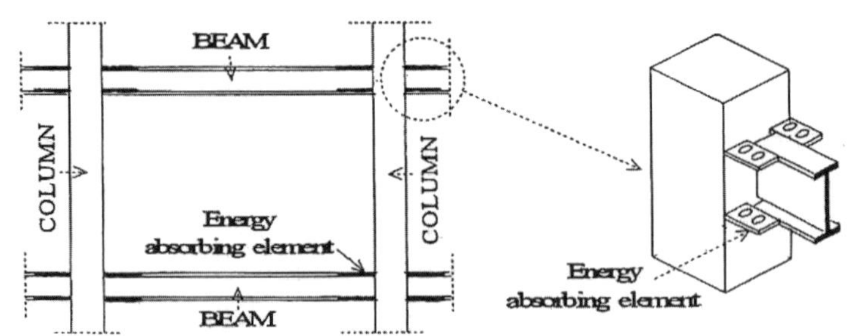

그림 0303.4.2 이력댐퍼의 설치형태 : 주골조에 직접 연결하여 사용

제 **4** 장

제진구조의 설계

0401 일반사항

> 제진구조의 설계는 일반적으로 다음과 같이 두 가지 단계로 요약된다.
> (1) 중력하중에 대한 설계 : 기둥과 보의 크기는 중력하중만을 고려해서 결정한다.
> (2) 지진하중에 대한 설계 : 건축물은 주어진 지진입력에너지 V_E의 레벨을 견디도록 설계한다.

해설

일반적인 내진구조에서는 발생확률이 작은 대지진에 대해서는 주요구조부재의 소성변형을 허용하는 대신 붕괴에 도달하지 않도록 설계하고 있다. 따라서 이러한 내진구조에서는 주요부재가 지진하중, 풍하중 등에 의한 수평하중이 작용하는 경우, 중력에 의한 수직하중뿐만 아니라 수평하중에도 동시에 저항할 수 있어야 한다. 따라서 내진구조에서는 주요부재가 수직 및 수평하중의 조합하중에 대해 설계하므로 설계순서가 까다롭고 명확하지 못한 부분이 있다고 할 수 있다. 한편, 수직하중과 수평하중에 대한 설계를 분리할 수 있다면 설계순서가 단순화되고 부재단면의 설정도 명쾌하게 이루어질 수 있다. 그러나 내진구조에서는 수평하중을 전부 부담할 수 있는 장치가 마련되어 있지 않으므로, 수직하중과 수평하중을 분리한 설계는 매우 어렵다.

그러나 제진구조에서는 수평하중에 의해 건축물에 입력되는 에너지를 효율적으로 흡수할 수 있는 제진장치를 이용할 수 있으므로, 수직하중과 수평하중을 분리한 설계가 가능하다. 따라서 이 지침에서는 설계를 명쾌하게 하기 위하여 기둥, 보와 같은 주요구조부재는 수직하중을 전담하고, 댐퍼 등의 제진장치는 수평하중을 전담하도록 하였다. 또한 제진장치가 수직하중을 부담하도록 설계하면 지진 등에 의해 건축물이 손상을 받을 경우 제진장치가 수평하중 외에도 수직하중을 동시에 부담하게 되므로 성능을 유지하기가 힘들어지고, 그에 따라 건축물의 내진성능도 함께 저하되므로 제진장치는 수직하중을 부담하지 않는 것이 건축물의 안전성 확보에도 유리하다고 할 수 있다.

0402 구조특성값의 계산

제진구조의 설계에 필요한 구조특성값은 다음과 같다.

(1) 건축물의 총질량 및 각 층의 질량
(2) 각 층의 최적항복전단력계수
(3) 주골조의 강성, 항복내력 및 항복변위
(4) 건축물의 고유주기
(5) 전도모멘트 및 기둥 추가 축력
(6) 댐퍼의 항복내력, 강성 및 항복변위

해설

(1) 각 층의 질량 산정

제i층의 질량 m_i는 각 층의 중량 W_i를 이용하여 다음과 같이 구한다.

$$m_i = \frac{W_i}{g} \tag{0402.1.1}$$

여기서, g는 중력가속도이다.

건축물의 총질량 M은 다음 식으로 구한다.

$$M = \frac{\sum_{i=1}^{N} W_i}{g} \tag{0402.1.2}$$

여기서, N : 건축물의 층수이다.

(2) 최적항복전단력 계수분포의 산정

① 전단형 골조에서의 최적항복전단력 계수분포

휨변형의 영향을 무시할 수 있는 전단형 골조시스템에서의 각 층의 최적항복전단력 계수분포 $\overline{\alpha_i}$는 다음 식에 의해서 산정된다.

$$\overline{\alpha_i} = \begin{cases} 1 + 0.5x_i{}' & (x_i{}' \le 0.2) \\ 1 + 1.5927x_i{}' - 11.8519x_i{}'^2 + 42.5883x_i{}'^3 & \\ - 59.4827x_i{}'^4 + 30.1586x_i{}'^5 & (x_i{}' > 0.2) \end{cases} \tag{0402.1.3a}$$

여기서, $x' = (i-1)/N$

② 휨-전단형 골조에서의 최적항복전단력 계수분포

기둥의 연장과 축소에 의한 건축물의 휨변형의 영향을 고려한 휨전단형 골조에서 각 층의 최적항복전단력 계수분포, $\overline{\alpha_i}$는 다음 식에 의해서 산정된다.

$$\overline{\alpha_i} = \begin{cases} 1 + 0.5x_i{}' + 1.25x'^4 & (x_i{}' \le 0.2) \\ 1 + 1.5927x_i{}' - 11.8519x_i{}'^2 + 42.5883x_i{}'^3 & \\ - 59.4827x_i{}'^4 + 30.1586x_i{}'^5 + 1.25x'^4 & (x_i{}' > 0.2) \end{cases} \tag{0402.1.3b}$$

(3) 다층골조의 층골조로의 분할

각층의 항복강도와 강성을 평가할 때, 골조는 그림 0402.1.1에 나타낸 것 같이 층골조로 분할할 수 있다. 또한, 보와 기둥-보 접합부는 층골조를 형성하도록 분할된다. 층골조는 핀접합에 의해서 서로 연결되는 것으로 가정한다. 더욱이 층골조는 그림 0402.1.1과 같이 순골조와 대각브레이스 시스템으로 순수한 모멘트저항골조로 분할할 수 있다. 대각브레이스 시스템은 댐퍼로 구성되고, 강체부재의 핀접합인 4주변의 강체골조에 의해 둘러싸여 있다. 4주변을 둘러싼 강체골조는 그 자체로는 수평력에 저항할 수 없고, 변형계산의 편의를 위해 설치된다.

층전단력, $\overline{Q_i}$의 분배는 최적항복전단력계부분포 $\overline{\alpha_i}$ 식(0402.1. 3a-b)에 의해 정해지는 항복전단력 분포에 비례한다고 가정한다. 따라서 $\overline{Q_i}$는 다음과 같이 같다.

$$\overline{Q_i} = \frac{Q_i}{Q_1} = \frac{\overline{\alpha_i}}{M} \sum_{j=i}^{N} m_j \qquad (0402.1.4)$$

여기서, Q_i는 i층의 수평력이다.

i층의 상부보는 i층 전단력에 의한 모멘트, ${}_bM_i$와 $(i+1)$층 전단력에 의한 모멘트, ${}_bM_{i+1}$에 저항하기 때문에, i층의 상부보는 ${}_bM_i$와 ${}_bM_{i+1}$에 비례하도록 분해하는 것이 자연스럽다. 기둥길이의 절반이 되는 기둥의 전단스팬의 가정하면 주목하는 보의 분할비율, d_i는 다음과 같다.

$$d_i = \frac{h_i \overline{Q_i}}{h_i \overline{Q_i} + h_{i+1} \overline{Q_{i+1}}} \qquad (0402.1.5a)$$

주각이 핀 지지인 경우는 다음 식으로 산정한다.

$$d_i = \begin{cases} \dfrac{h_i \overline{Q_{i+1}}}{h_i \overline{Q_i} + h_{i+1} \overline{Q_{i+1}}} & (i \geq 2) \\ \dfrac{2h_1 \overline{Q_1}}{2h_1 \overline{Q_1} + h_2 \overline{Q_2}} & (i = 1) \end{cases} \qquad (0402.1.5b)$$

여기서, h_i와 h_{i+1} : i층과 $i+1$층의 높이 ;

$$\overline{Q_i} = \frac{Q_i}{Q_1} = \frac{\left(\sum_{j=i}^{N} m_j\right)\overline{\alpha_i}}{M} = (1 - x_i{}')\overline{\alpha_i}$$

구하고자 하는 보의 역학적 특성값(강도, 및 강성 등)을 S_0라고 하면, 분할에 의한 특성값 S_0는 i층과 $i+1$층으로 다음과 같이 분할된다.

$$S_i = S_0 d_i$$
$$S_{i+1} = S_0(1 - d_i) \qquad (0402.1.6)$$

여기서 S_i와 S_{i+1}은 i층과 $i+1$층으로 분할된 보의 특성값이다.

같은 방법으로 보-기둥접합부에서 패널존의 분할에도 적용할 수 있다.

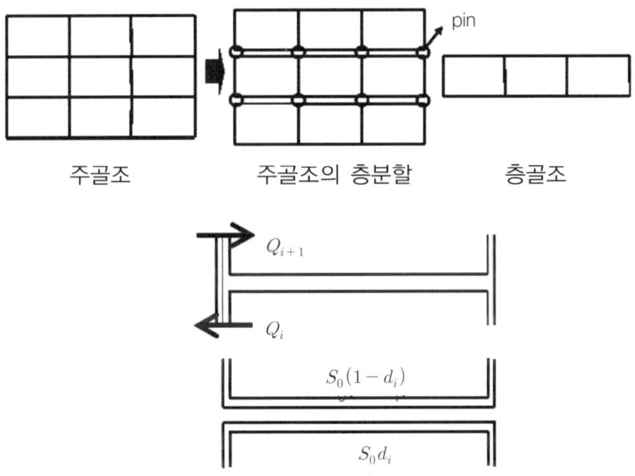

그림 0402.1.1 다층골조의 층골조 분할

(4) 주골조의 강성

다층골조는 층골조로 분할되고, 각층의 골조는 주골조와 댐퍼부로 분할된다. 또한 주골조는 그림 0402.1.2와 같이 단위골조로 집약할 수 있다. 이 집약을 적용함으로써, 각층 주골조의 탄성수평강성 ${}_fk'_i$는 기둥의 휨강성 ${}_ck_{ij}$와 분할된 보의 휨강성 ${}_bk_{ij}$로부터 다음과 같이 계산할 수 있다.

$${}_fk'_i = \frac{24}{h^2} \frac{{}_ck_i \, {}_bk_i}{{}_ck_i + {}_bk_i} \qquad i > 1 \text{ (1층 위의 상층부)} \qquad (0402.1.7a)$$

$$ {}_{f}k'_{i} = \frac{24}{h^2} \frac{2{}_{c}k_{i}{}_{b}k_{i}}{{}_{c}k_{i} + 2{}_{b}k_{i}} \quad i = 1 \ (\text{고정으로 가정된 1층}) \ (0402.1.7b) $$

여기서

$$ {}_{c}k_{i} = \frac{1}{2}\sum_{j=1}^{m_c} {}_{c}k_{ij} \ ; \ {}_{b}k_{i} = \frac{1}{2}\sum_{j=1}^{m_b} {}_{b}k_{ij} \ ; \ {}_{c}k_{ij} = \frac{E_c I_{ij}}{h} \ ; \ {}_{b}k_{ij} = \frac{E_b I_{ij}}{L_{ij}} $$

m_c는 i층 골조의 기둥의 개수이고 m_b는 i층 골조의 보의 개수이다. ${}_{c}k_{ij}$는 i층 골조의 j기둥의 휨강성이고 ${}_{b}k_{ij}$는 i층 골조의 j보의 휨강성이다. ${}_{b}I_{ij}$는 i층골조의 j보의 단면2차모멘트이고, 이것은 식(0402. 1.6)에 의해 분할된 보의 구조적 특성치에 의해 구해진다.

식(0402.1.7)을 유도할 때, 보-기둥 접합부의 패널존은 무한강성으로 가정한다.

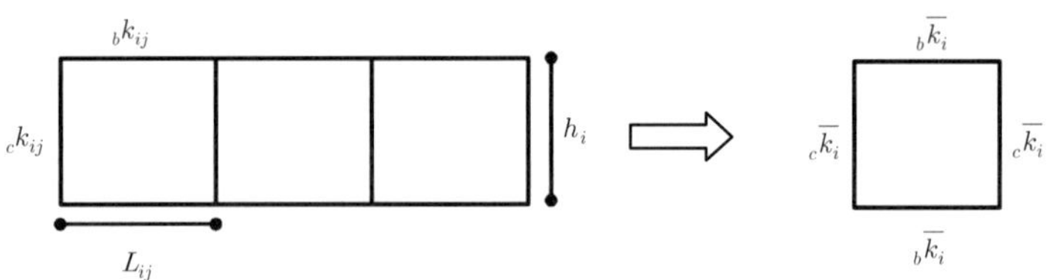

그림 0402.1.2 층골조를 집약단위골조로 축소

(5) $P-\delta$ 효과

각층 주골조의 탄성강성 ${}_{f}k'_{i}$를 도출할 때, 추가변형 즉, $P-\delta$효과 혹은 2차 효과의 수반에 따른 2차 응력은 무시되었다. 층골조의 $P-\delta$효과는 층에 가해지는 연직하중 W와 수평력에 의한 층간변형 δ에 의해 부가응력이 발생한다. $P-\delta$효과를 다루는 간단한 방법은 그것을 수평저항의 저하로 이해하는 것이다. 그림 0402.1.3에 개념이 나타나 있다. $P-\delta$효과에 의한 층골조의 수평강성의 저하는 다음과 같이 표현된다.

$$ {}_{P\delta}k_{i} = \frac{\Delta Q}{h} = \frac{\sum_{j=i}^{N} m_j g}{h_i} \quad (0402.1.8) $$

여기서, m_j는 j층의 중량, g는 중력가속도, h_i는 i층의 높이이다.

결과적으로, $P-\delta$효과를 고려한 층골조의 탄성수평강성 ${}_jk_i$는 다음과 같다.

$$ {}_fk_i = {}_fk'_i - {}_{P\delta}k_i \qquad (0402.1.9) $$

여기서, ${}_fk'_i$와 ${}_{P\delta}k_i$는 각각 식(0402.1.7)과 식(0402.1.8)에 나타내었다.

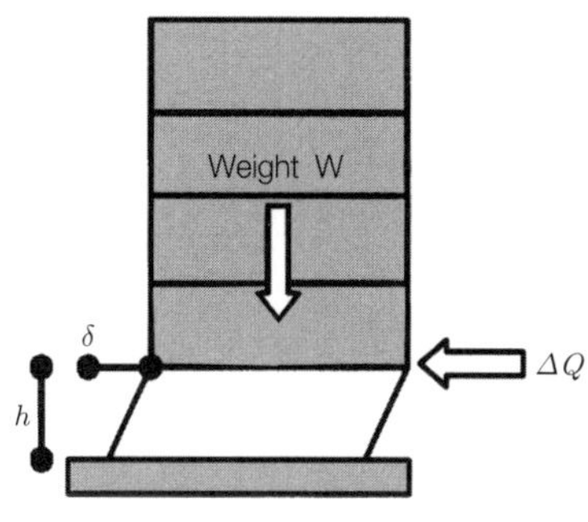

그림 0402.1.3 $P-\delta$ 효과

(6) 층골조의 항복내력

① **층골조의 최대전단력**

보의 분포하중의 영향과 $P-\delta$효과를 무시하면, 최대전단력 즉, i층의 유요소의 강소성 힌지 메커니즘의 형성에 상응하는 수평력 ${}_fQ_{pi}$는 다음과 같이 평가할 수 있다.

$$ {}_fQ_{pi} = \frac{\sum_{k=1}^{n_j} M_k}{h_i} \qquad (0402.1.10) $$

여기서 h_i는 i층의 높이이고, n_j는 층골조의 접합의 총 개수, M_k는 층골조의 k접합부의 전소성모멘트이다.

부재의 접합부가 충분히 강하다고 가정하면, 소성힌지가 형성되는 위치는 다음과 같이 제한된다 : a) 기둥단부, b) 주목하는 기둥 주위의 보 단부와 c) 보-기둥접합부 패널존. 예를 들어, 층골조의 k

접합을 주목하면 기둥 1개와 보 2개 및 패널존과 연결되어 있다. 그림 0402. 1.4를 참조하면, M_c는 기둥의 전소성모멘트, $M_{b,L}$과 $M_{b,R}$은 기둥 양쪽 보의 전소성모멘트 그리고, M_p는 패널존의 전소성모멘트이다. 층골조의 k접합의 전소성모멘트, M_k는 다음과 같다.

$$M_k = \min\{M_c, (M_{b,L} + M_{b,R}), M_p\} \quad (0402.1.11)$$

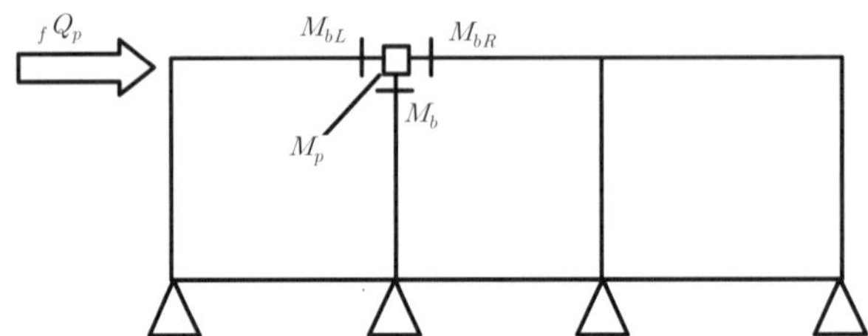

그림 0402.1.4 층골조 절점 주위의 전소성모멘트

② 층골조의 항복전단력

이 지침에서는 그림 0402.1.5에 나타낸 모델과 같이 tri-linear로 근사한 층골조의 전단력-층간변위 관계를 사용하여 항복전단력을 구한다. 그림에서 층골조의 전단력-층간변위관계 곡선은 횡축과 종축이 각각 δ_p와 Q_p에 의해 나누어서 정규화했다. 초기탄성강성 $_fk_i$와 최대전단력 $_fQ_{pi}$는 각각 식(0402.1.9) 와 식(0402.1.10)에서 예측한 값이다.

따라서 이 지침에서는 다음 식과 같이 최대전단력의 75%를 항복내력 $_fQ_{yi}$로 평가한다.

$$_fQ_{yi} = 0.75\,_fQ_{pi} \quad (0402.1.12)$$

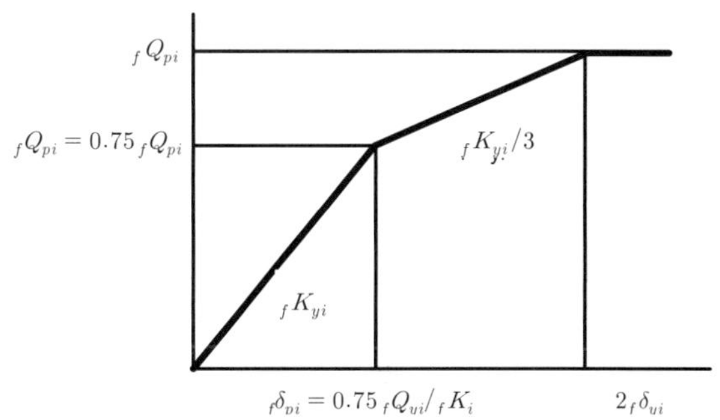

그림 0402.1.5 층골조의 전단력-층간변위 관계

(7) 건축물의 고유주기

건축물의 고유주기, T는 지진에너지 입력을 평가하고 α_e를 계산하는데 있어서 반드시 필요한 값이다. 탄성구간에서의 진동주기, T_{f+s}는 건축물의 주골조와 댐퍼부 모두의 강성기여를 나타낸다. 건축물이 비탄성변형을 경험할 때, 진동주기는 주골조만의 주기, T_f와 같이 늘어난다. 지진에너지 입력은 T_{f+s}와 T_f 사이의 "진동의 유효주기" 에 의존한다. 0204를 참조하면, 건축물의 "유효주기" 는 단주기 영역에서 건축물의 지진에너지 입력을 과대평가하는 경향이 있는 것처럼 안전측이 된다. 결과적으로, 단지 주골조만을 고려하는 건축물의 고유주기 T_f 가 이 지침에서 사용될 것이다. 각층의 강성 $_fk_i$와 질량 m_i를 알면, 강성매트릭스와 질량매트릭스를 구성할 수 있고, 고유주기는 그 시스템의 진동방정식으로부터 계산할 수 있다. 고유주기를 구할 수 있는 다른 근사방법은 질량 M(=건축물의 총질량)과 스프링강성 k_{eq}로 구성된 단자유도계로 치환하는 것이다. k_{eq}는 다음과 같이 평가할 수 있다.

$$k_{eq} = \frac{1}{\displaystyle\sum_{i=1}^{N/2} \frac{1}{_fk_i}} \qquad (0402.1.13)$$

여기서 $_fk_i$는 식(0402.1.9)로부터 구한 i층 골조의 강성이고 N은 층수이다. 식(0402.1.13)에서 합기호는 1층부터 거의 건축물의 중간층까지 연장된다. 진동고유주기는 다음과 같이 표현된다.

$$T_f = 2\pi\sqrt{\frac{M}{k_{eq}}} \quad (0402.1.14)$$

여기서 M은 건축물의 총질량이다.

(8) 전도모멘트 및 기둥의 부가축하중 계산

식(0402.1.3)에 주어진 최적항복전단력분포를 가진 다층골조의 응답해석에 따르면, 각층의 최대전도모멘트는 모든 층의 동시항복을 기초로 계산된 값과 거의 동일한 것으로 밝혀졌다. 따라서 i층의 최대전도모멘트 $M_{ov,i}$를 계산하기 위해서, 수평력은 최적항복전단력 계수분포에 상응하는 것으로 가정하는 것이 적절하다. 따라서 모든 층이 같은 질량 m을 가지고 있다면, i층에 작용하는 수평지진력은 다음과 같이 표현된다.

$$F(i) = D_{s1}\alpha_e g m[\overline{\alpha_i}(N-i+1) - \overline{\alpha_{i+1}}(N-i)] \quad (0402.1.15)$$

여기서

D_{s1}은 1층의 D_s계수이다.

$\alpha_e = \dfrac{2\pi V_D}{g T_f}$는 탄성범위에 머물게 하기 위한 건축물의 최소밑면전단력계수이다.

g는 중력가속도, m은 각층의 질량, N은 층수이다.

$\overline{\alpha_i}$는 식(0402.1.3)에 의해 정해진 최소항복전단력 계수분포이다.

모든 층이 같은 높이, $h_i = h$를 가진다면, i층의 전도모멘트, $M_{ov,i}$는 다음과 같이 표현된다.

$$M_{ov,i} = D_{s1}\alpha_e hgm\sum_{j=i}^{N}\left[\overline{\alpha_j}(N-J+1) - \overline{\alpha_{j+1}}(N-j)\right](j-i+1)$$

(0402.1.16)

위 식에서 구조특성계수 D_{s1}은 건축물의 항복기구 및 건축물의 층수에 의해서 변화하는 값이다. 따라서 건축물의 층수 및 항복기구의 차이에 의한 D_{s1}치의 변화형태를 그림 0402.1.5에 나타냈다. 이 그림에서 오른쪽으로 갈수록 골조의 소성변형이 작아지고 그에 따라 D_{s1}값이 커지는 형태를 나타내고 있다. 그리고 특정 층에 손상이 집중하기 쉬운 기둥붕괴형보다 보붕괴형의 D_{s1}값이 작아지고 있으며, 그 최대값은 0.5를 약간 상회하고 있다. 댐퍼를 사용한 경우는 보붕괴형보다 특정 층에 손상에 집중하는 현상이 더욱 완화되고, 이 경우에 D_{s1}값은 더욱 작아지며 점선으로 표현된 값을 가질 것으로 예상된다. 따라서 본 설계법에서는 안전 측의 개념을 도입하여 그 값으로 0.5를 사용한다.

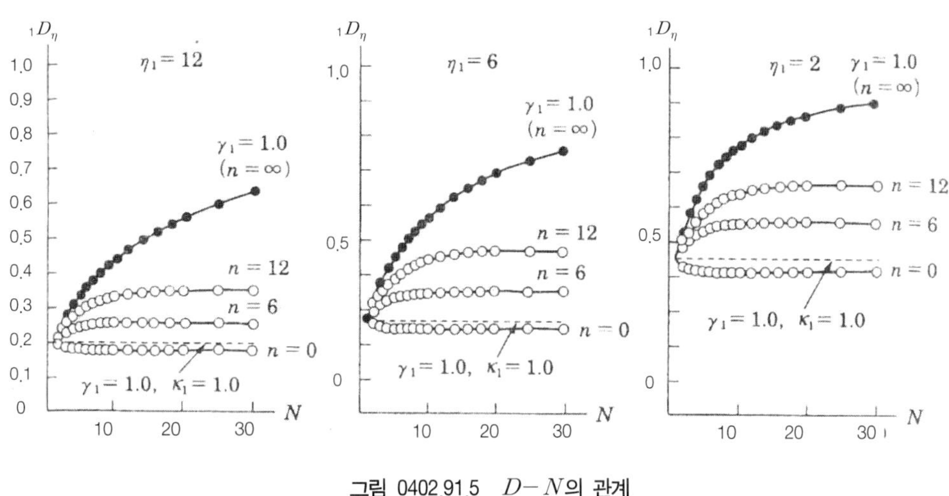

그림 0402.91.5 $D-N$의 관계

따라서 식(0402.1.16)은 다음 식과 같이 나타낼 수 있다.

$$M_{ov,i} = \frac{1}{2}\alpha_e hgm \sum_{j=i}^{N} \left[\overline{\alpha_j}(N-J+1) - \overline{\alpha_{j+1}}(N-j) \right](j-i+1)$$

(0402.1.17)

기둥의 전소성모멘트를 계산함에 있어서, 부재에 작용하는 축력은 주어져야 한다. 전도모멘트는 중력하중에 의한 것과는 별도로 기둥에 추가되는 축력을 발생시킨다. 모멘트저항 평면골조에서 이 추가되는 축력을 계산하는 간단한 근사값은 전도모멘트가 외부기둥에 의해 전달된다고 고려하는 것이다. 결과적으로 i층의 각 외부기둥에 추가되는 축력, $\Delta N_{e,i}$는 다음과 같다.

$$\Delta N_{e,i} = \frac{M_{ov,i}}{d_0} \qquad (0402.1.18)$$

여기서 d_0는 골조의 두 외부기둥 사이의 거리이다.

(9) 이력댐퍼의 설계

이 지침에서는 슬릿플레이트댐퍼와 강봉댐퍼를 중심으로 다루며, 각각의 댐퍼는 아래와 같은 방법으로 계산한다.

① 슬릿플레이트댐퍼의 설계

- 항복내력

댐퍼의 항복내력은 아래의 식과 같이 전단에 의한 항복내력과 휨에 의한 항복내력 중에서 작은 값을 사용한다.

$$_{d}Q_{y} = n \times \min\{_{d}Q_{b,y}\ ,\ _{d}Q_{s,y}\} \qquad (0402.1.19)$$

여기서, n : 스트럿의 개수

$_{d}Q_{b,y}$: 휨에 의한 항복내력

$_{d}Q_{s,y}$: 전단력에 의한 항복내력

휨에 의한 항복내력

$$_{d}Q_{b,y} = \frac{tB^{2}\sigma_{y}}{2H'} \qquad (0402.1.20)$$

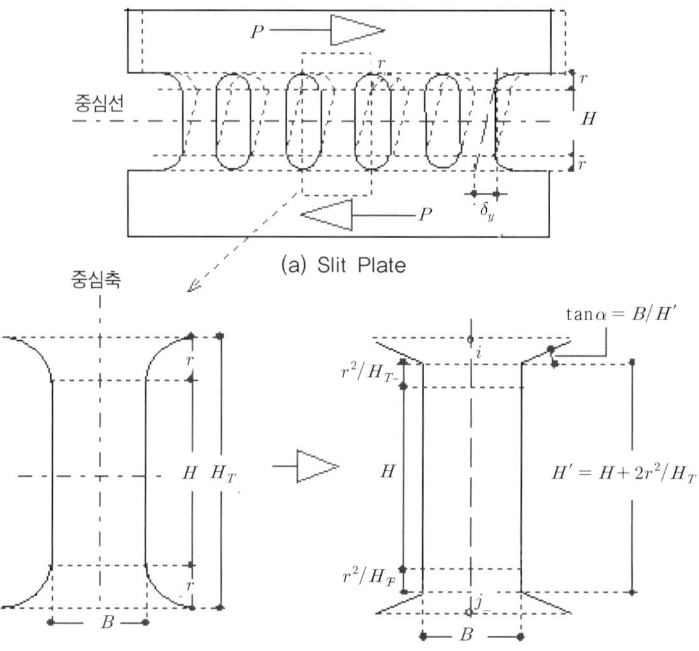

(a) Slit Plate

(b) Slit Plate 댐퍼형상의 모델화

그림 0402.1.6 슬릿플레이트 댐퍼

전단에 의한 항복내력

$$ {}_dQ_{s,y} = \frac{2}{3}\frac{tB\sigma_y}{\sqrt{3}} \quad (0402.1.21) $$

여기서, t : 댐퍼의 두께

B : 스트럿의 폭

H : 스트럿 직선부의 높이,

$$ H' = H = 2\frac{r^2}{H+2r} $$

- 항복변위

$$ {}_d\delta_y = {}_d\delta_{b,y} + {}_d\delta_{s,y} = \frac{1.5{}_dQ_yH_T}{nEtB}\left[\left(\frac{H'}{B}\right)^2 + 2.6\right] \quad (0402.1.22) $$

여기서, $H_T = H + 2r$

E : 탄성계수

G : 전단 탄성계수

② **강봉댐퍼의 설계**

- 항복내력

$$ {}_dQ_y = \frac{d_0^3\,\sigma_y}{3h_r} \quad (0402.1.23) $$

여기서, d_0 : 강봉의 지름

h_r : 강봉의 높이

- 항복변위

강봉댐퍼의 항복변위는 단면이 일정한 경우와 변단면인 경우에 다음과 같은 두 개의 식으로 각각 구할 수 있다.

단면이 일정한 경우

$$ {}_d\delta_y = \frac{16\,\sigma_y\,h_r^2}{9\,\pi\,d_0\,E} \quad (0402.1.24) $$

단면이 일정하지 않은 경우

$$ {}_d\delta_y = \frac{24\,\sigma_y\,h_r^2}{9\,\pi\,d_0\,E} \quad (0402.1.25) $$

여기서, E : 탄성계수

(11) 댐퍼부분의 강성계산

그림과 같이 댐퍼부의 강성 ${}_{d}k_i$은 브레이스와 강재댐퍼가 직렬연결로 구성되어 있을 경우, 다음 식과 같이 구해진다.

$$\frac{1}{{}_{s}k_i} = \frac{1}{{}_{dc}k_i} + \frac{1}{{}_{d}k_i} \qquad (0402.1.26)$$

여기서, ${}_{dc}k_i$: 연결재(브레이스 부재)의 강성

${}_{d}k_i$: 댐퍼의 강성

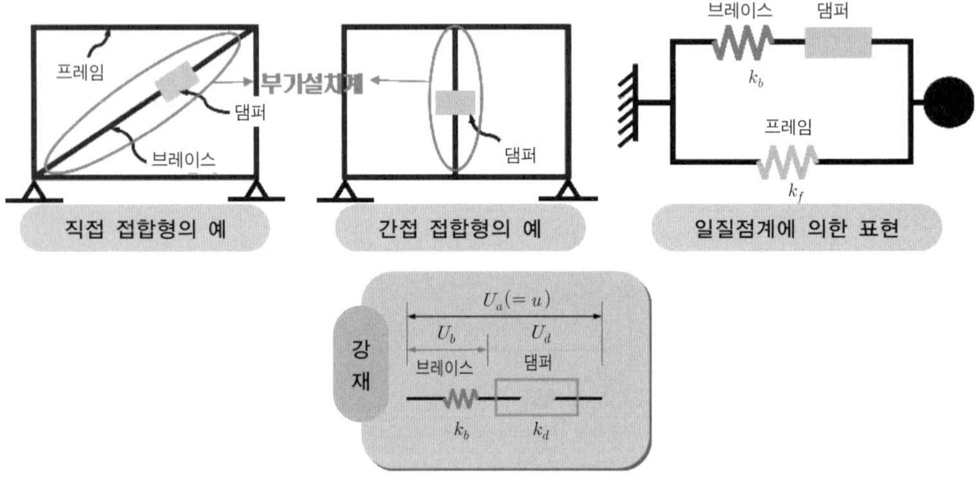

그림 0402.1.7 댐퍼부분의 구성

0403 구조설계의 순서

0402의 구조특성값을 바탕으로 한 탄소성이력댐퍼가 있는 제진구조의 설계순서는 다음과 같이 11단계로 요약된다.

단계 1 : 주골조의 특성값 결정

단계 2 : K(주골조에 대한 댐퍼부의 강성비) 값 결정

단계 3 : 최대허용층간변위 결정 및 주골조의 항복변위와 비교

단계 4 : 주골조의 허용손상 결정

단계 5 : 설계지진에너지 입력레벨의 결정
단계 6 : 댐퍼의 종류 결정 및 요구 항복강도 계산
단계 7 : 전도모멘트와 이에 의한 기둥의 부가축력 계산
단계 8 : 부가축력에 대한 기둥의 검토
단계 9 : 기둥의 부가축력을 고려한 층골조의 항복전단력 재계산
단계 10 : 이전 값을 새로운 층골조의 항복변위와 비교
단계 11 : 댐퍼의 배치 및 댐퍼설계
단, '단계 4'에 대해서는 주골조가 소성영역을 경험할 때만 적용하고, 탄성영역에 머무를 경우에는 다음 단계로 바로 넘어갈 수 있다.

해설

(1) 설계 플로차트

탄소성 이력댐퍼가 있는 건축물의 설계방법이 그림 0403.1.1에 도식적으로 플로차트에 나타냈다.

그림 0403.1.1에 있는 설계플로차트 내용을 요약하면 아래와 같다.

단계 1 : 주골조의 특성값 결정

- 첫째, 보의 특성값은 보의 상하층으로의 분할비율 d_i 계수를 사용하여 분리한다. 주골조는 보의 분할비율을 사용하여 층골조로 분할한다. 더 나아가 층골조는 단위골조로 축소하고 각 단위 층골조의 강성을 계산한다. $P-\delta$효과를 고려하여 수평강성 ${}_f k_1'$의 수평강성은 ${}_{P\delta}k_i$를 줄여야 한다.
- 골조의 등가강성 k_{eq}와 고유주기 T_f를 평가한다. 강성비 χ_i는 다음과 같이 정의된다.

$$\chi_i = {}_f k_i / k_{eq} \qquad (0403.1.1)$$

- 1층에서 흡수하는 비탄성 변형에너지를 나타내는 계수 γ_1을 계산한다. 제안된 설계방법에서, 건축물 높이에 따른 댐퍼의 강도분포는 최적항복전단력 계수분포 $\overline{\alpha_i}$에 따른다. 1층에서 $s_1 = 1$이므로 γ_1은 다음과 같이 표현할 수 있다.

$$\gamma_1 = \sum_{1}^{N} s_j \qquad (0403.1.2)$$

여기서, $s_i = \left(\sum_{j=i}^{N} \frac{m_j}{M} \right)^2 \frac{k_1}{k_i} \overline{\alpha_i^2}$

여기서 k_i와 k_1은 각각 i층과 1층의 총수평강성이다. 제안된 설계방법에서, 주골조의 강성 $_fk_i$와 댐퍼부의 강성 $_sk_i$의 강성비 K $(= {_sk_i}/{_fk_i})$는 모든 층에서 같게 되도록 한다. $[(k_1/k_i) = ({_fk_1}/{_fk_i})]$.

- 층골조의 최대전단력 $_fQ_{pi}$을 구한다. 최대전단력은 i층 골조의 전소성 붕괴기구에 상응하는 전단력이다. 기둥의 전소성모멘트는 축력에 의존한다. 중력하중에 의한 기둥의 축력과 대조적으로, 전도모멘트에 의한 부가축력은 $_fQ_{pi}$에 의존하고, 그것들은 계산의 이 단계에서는 모르는 값이다. 따라서 처음에 기둥의 전소성모멘트, M_c는 중력하중에 의한 축력만을 고려하여 구하고, 이후에 전도모멘트에 의한 부가축력을 적용해서 수정할 것이다.
- 층골조의 항복전단력 $_fQ_{yi}$를 구한다. 층골조의 전단력-전단변위는 tri-linear로 이상화 되어 있다. 각층골조의 항복전단력 $_fQ_{yi}$는 최대전단력의 75%$({_fQ_{yi}} = 0.75{_fQ_{pi}})$로 산정하여 사용한다. 층골조의 항복변위 $_f\delta_{yi}$는 $_f\delta_{yi} = {_fQ_{yi}} / {_fk_i}$에서 구할 수 있다.

단계 2 : K값의 결정

댐퍼부와 주골조 사이의 강성비 $K = {_sk_i}/{_fk_i}$ 값을 결정한다. 제안된 설계방법에서는 모든 층에 같은 K를 채택한다. 이 지침에서는 $K \geq 4$를 제안한다.

단계 3 : 최대허용층간변위 $\delta_{\lim,i}$를 결정하고 그 값을 $_f\delta_{yi}$와 비교

최대허용층간변위 $\delta_{\lim,i}$는 자유롭게 채택된다. $\delta_{\lim,i}$에 관한 유일한 제한은 주골조의 항복변위 $_f\delta_{yi}$의 두 배 이하여야 한다$(\delta_{\lim,i} \leq 2{_f\delta_{yi}})$. 이 제한은 소성변형을 경험하기 전에 층골조가 일부의 강성을 유지하도록 하는 안전성을 위해 주어졌다.

$\delta_{\lim,i}$이 $_f\delta_{yi}$보다 작거나 크거나 하는 의존성은 두 가지 경우를 고려한

다 : “주골조 : 탄성” or “주골조 : 탄소성”. 각각의 경우에 사용되는 식은 다르지만 단계 4를 제외하면 방법은 거의 같다.

“주골조 : 탄성” 의 경우에는 다음의 ‘단계 4’를 생략할 수 있다.

단계 4 : “주골조 : 탄소성”인 경우: 주골조의 허용손상 ${}_f\overline{\eta}'_{\lim,i}$ 결정

각층골조의 허용된 손상 ${}_fW_{\lim,i}$는 자연스럽게 수립된다. ${}_fW_{\lim,i}$는 계수 ${}_f\overline{\eta}'_{\lim,i}$의 항으로 표현되고 다음과 같이 구할 수 있다.

$$
{}_f\overline{\eta}'_{\lim,i} = \frac{0.5{}_fW_{\lim,i}}{{}_fQ_{yi\,f}\delta_{yi}} \tag{0403.1.3}
$$

한계층간변위 $\delta_{\lim,i}$를 예측하면, 각층골조의 손상 ${}_f\overline{\eta}'_i$은 다음과 같이 손쉽게 예측가능하다.

$$
{}_f\overline{\eta}'_i = 2\left(\frac{\delta_{\lim,i}}{{}_f\delta_{y,i}} - 1\right) \tag{0403.1.4}
$$

단, ${}_f\overline{\eta}'_i < \overline{{}_f\eta_{\lim,i}}$의 조건을 만족해야 하고, 그렇지 않은 경우에는 보나 기둥의 크기를 수정해야 한다.

단계 5 : 설계지진에너지 입력레벨 V_E의 결정

V_E는 유사속도형태로 표현되는 입력에너지이다. 구조손상에 기여하는 에너지 V_D는 감쇠비를 포함한 간단한 식에 의해 구할 수 있다. 다음으로 α_e를 계산하고, 주골조의 항복강도 ${}_fQ_{yi}$는 정의된 계수 ${}_fr_i$에 의해 α_e의 형태로 표현된다.

단계 6 : 댐퍼의 종류 결정 및 요구 항복강도 계산

댐퍼의 종류를 결정하고 강재의 특성값을 가정한다. 선정된 댐퍼의 이력거동과 최대에너지 흡수능력을 정의하는 변수인 Q'_y/Q_y, Q_B/Q_y, k_{p1}, k_{p2}, u, b를 얻는다.

${}_sr_i$로 표현되는 각층골조의 댐퍼에 요구되는 강도를 계산한다. 건축물 높이에 따른 댐퍼의 항복강도분포는 최적항복전단력 계수분포 $\overline{\alpha_i}$에 따라

서 정한다. 결과적으로 ${}_{s}r_i$는 모든 층에 대해서 같은 값을 가진다 (${}_{s}r_i = {}_{s}r$). 요구되는 ${}_{s}r$은 주골조가 탄성을 유지하는 경우와 주골조가 소성변형을 경험하는 경우를 분리해서 구한 ${}_{s}r_{\min}$과 ${}_{s}r_{\delta\max}$의 최대값이다. ${}_{s}r_{\min}$은 댐퍼가 최대에너지 흡수능력을 발휘하도록 하는 강도를 나타낸다. ${}_{s}r_{\delta\max}$는 설정한 최대층간변위 이하가 되도록 하는 댐퍼의 요구최소 강도이다.

$$ {}_{s}r_{\min} = \sqrt{\frac{\chi_1 K}{2\gamma_1 b}\left[1 + u(1 - {}_{f}r_1^2)\right]} \qquad (0403.1.5) $$

$$ \delta_{\max,i} = \frac{\sum_{j=i}^{M} m_j g}{k_{eq}\chi_i}\,\overline{\alpha}_i \alpha_{e_s} r_1 \frac{\frac{6}{K} + \frac{\chi_1}{\gamma_1}\left[\frac{1}{2\,{}_{s}r_1^2} - \frac{f_{fs1}}{2}\right] + 2f_{fs1}{}^2}{6 + 2f_{fs1}} \qquad (0403.1.6) $$

위의 두 식에서 식(0403.1.5)은 ${}_{s}r_{\min}$을 계산하는 식이고, 식(0403.1.6)은 $\delta_{\max,i} \le \delta_{\lim,i}$이 되도록 하는 ${}_{s}r_1$을 구하면 그 값이 바로 ${}_{s}r_{\delta\max}$ 값이다. 따라서 댐퍼의 강도를 나타내는 ${}_{s}r$은 두 값 중에서 큰 값을 사용한다.

단계 7 : 전도모멘트와 기둥에 추가되는 부가축력을 계산

각 층에 최대 가능한 전도모멘트 $M_{ov,i}$를 구한다. 전도모멘트는 골조의 외부기둥에 의해서 전달되는 것으로 가정한다. 이후 외부기둥에 추가되는 축력 ΔN_i를 계산한다.

단계 8 : 전도모멘트에 의한 부가축력이 있는 기둥의 검토

부가축력 ΔN_i을 바탕으로 기둥을 검토한다. 기둥의 크기가 수정되면, 주골조의 특성값을 다시 계산해야 한다. 즉, '단계 1'로 되돌아간다.

단계 9 : 기둥의 부가축력 ΔN_i을 고려한 ${}_{f}Q_{yi}$의 재계산

부가축력 ΔN_i 때문에 기둥의 전소성모멘트 M_c는 감소한다. 결과적으로 순골조의 항복전단력 ${}_{f}Q_{yi}$와 항복변위 ${}_{f}\delta_{yi}$는 재계산되어야 한다.

단계 10 : 이전 값을 새로운 ${}_{f}\delta_{yi}$와 비교

현재, 반복해서 구한 이전 값과 새로운 ${}_f\delta_{yi}$ 사이에 차이가 거의 없이 같다면, 결과는 받아들일 수 있다. 그렇지 않으면 '단계 3'으로 돌아가야 한다. 수차례의 반복 후에 결과가 수렴되고 댐퍼의 설계를 진행할 수 있다.

단계 11 : 골조에 댐퍼의 분포 및 댐퍼 설계

지진입력에너지 V_D를 견딜 수 있는 건축물의 주골조의 ${}_sr$로 표현된 요구강도와 ${}_sk_i$로 표현된 요구수평강성이 이미 도출되었다. 댐퍼와 주골조 간의 강성비 K는 모든 층에서 같다고 가정했기 때문에 ${}_sk_i$는 간단하게 구할 수 있다.

$$ {}_sk_i = {}_fk_iK \qquad (0403.1.7) $$

여기서, ${}_fk_i$는 i층의 주골조의 수평강성이다.

${}_sr$의 정의로부터, i층의 댐퍼부의 요구항복전단력 ${}_sQ_{yi}$는 다음과 같이 손쉽게 계산할 수 있다.

$$ {}_sQ_{yi} = {}_sr\overline{\alpha_i}\alpha_e\sum_{j=1}^{N}m_j\,g \qquad (0403.1.8) $$

여기서 $\overline{\alpha_i}$는 최적항복전단력 계수분포, $\alpha_e = 2\pi V_D/(gT_f)$, m_j는 j층의 질량, M은 건축물의 총질량, T_f는 주골조의 고유주기, g는 중력가속도이다. 앞에서 언급된 ${}_sk_i$와 ${}_sQ_{yi}$는 댐퍼에 의해서 구해진다.

각층골조의 수평강성 ${}_sk_i$와 댐퍼의 축강성 사이의 관계는 다음과 같다.

$$ {}_sk_i = \sum_{j=1}^{n_{bi}}{}_bk_{ij}\cos^2\beta_j \qquad (0403.1.9) $$

여기서 n_{bi}는 i층에 설치된 댐퍼의 총 개수이고, ${}_bk_{ij}$는 i층 j댐퍼의 축강성이고 β_j는 수평부재와 이루는 각도이다.

다른 한편으로, 각층골조의 항복전단력, ${}_sQ_{yi}$와 댐퍼의 축항복강도 사이의 관계식은 다음과 같다.

$$ {}_sQ_{yi} = \sum_{j=1}^{n_{bi}}{}_bQ_{y,ij}\cos\beta_j \qquad (0403.1.10) $$

여기서 ${}_bQ_{y,ij}$는 i층에 설치된 j댐퍼의 축항복강도이다.

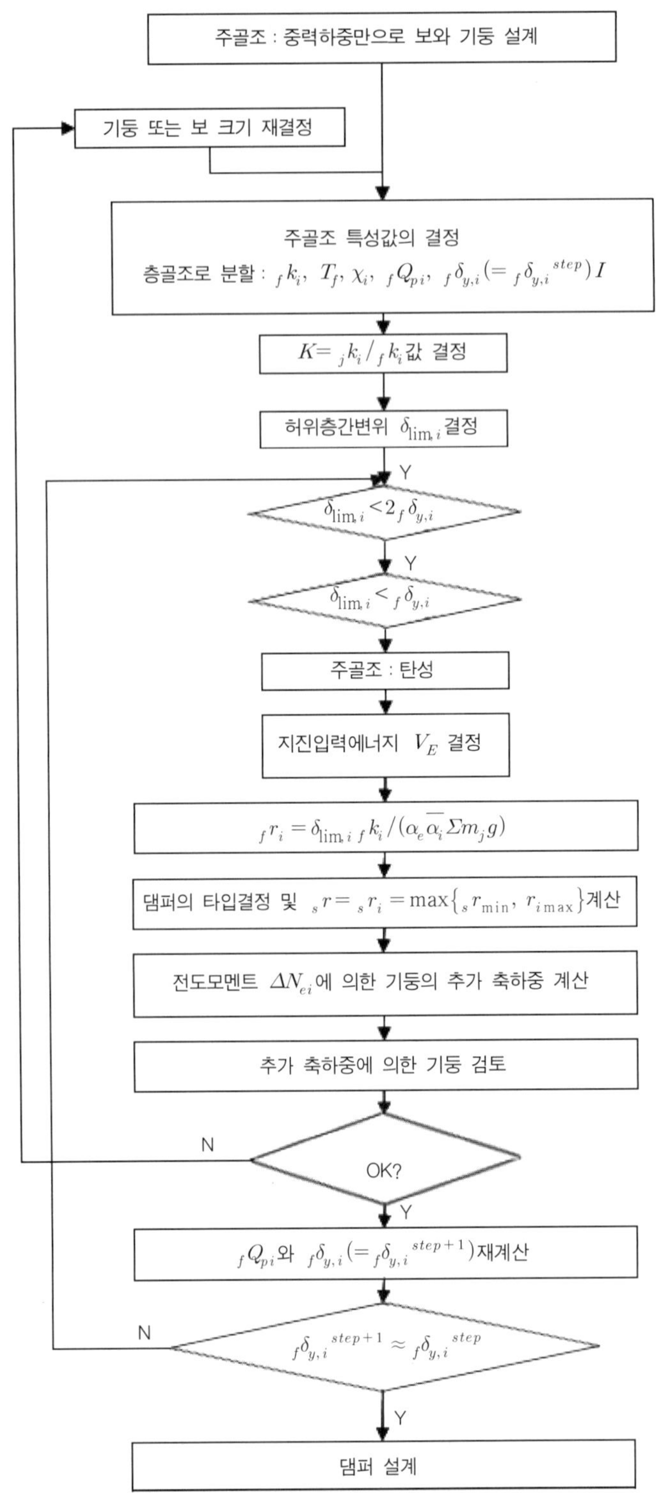

그림 0403.1.1(a) 제진설계 플로차트 : 주골조가 탄성인 경우

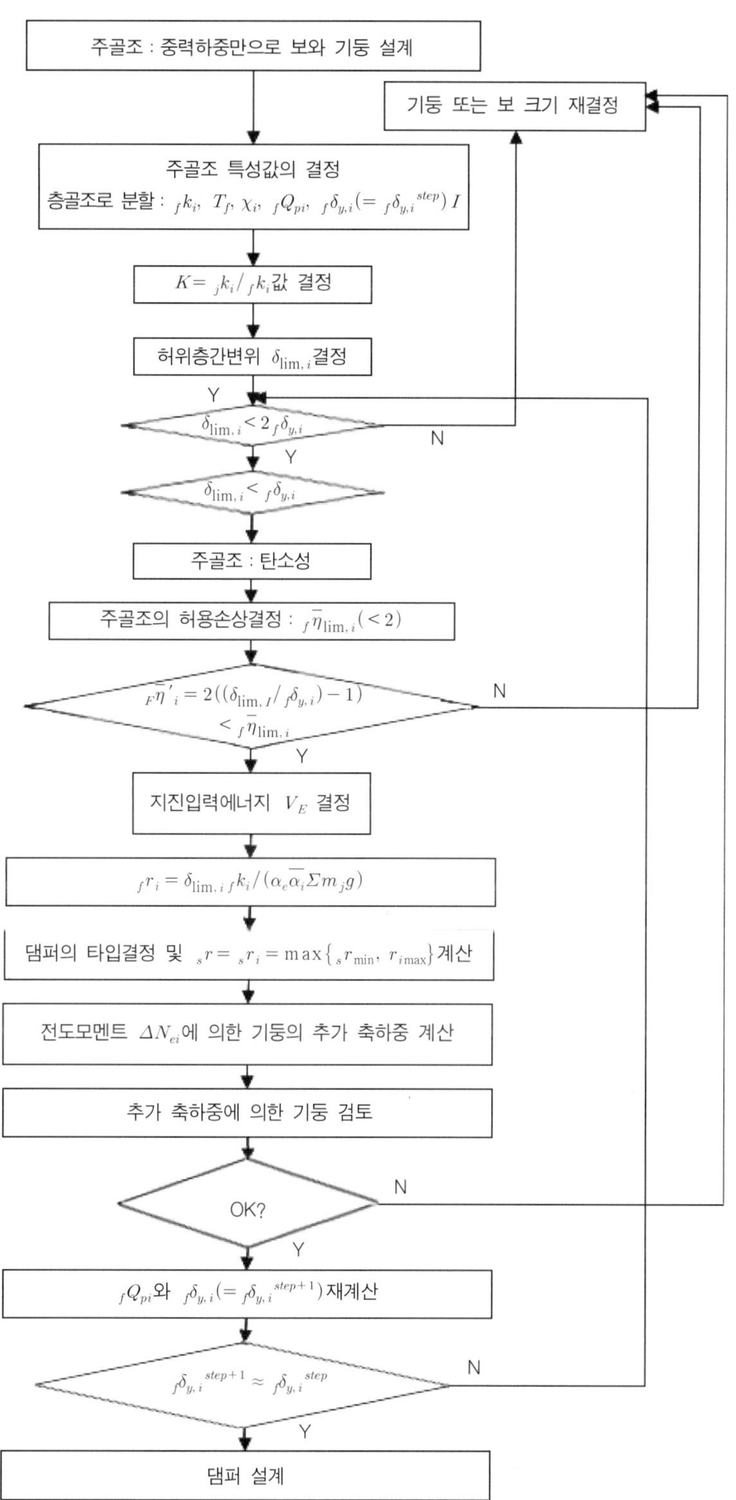

그림 0403.1.1(b) 제진설계 플로차트 : 주골조가 탄소성인 경우

0404 지진응답의 예측

에너지법에 의해 설계된 제진구조의 지진응답특성은 다음의 순서에 의해 예측한다. (1) 건축물에 입력된 에너지의 산정 (2) 각 층의 손상분포 (3) 건축물의 지진응답 계산

해설

(1) 골조로의 에너지 입력의 산정

골조 전체로의 에너지 입력의 속도환산값 V_E는 0204 에서 정의한 설계용 V_E스펙트럼에서 구할 수 있다. 건축물에 발생하는 전 손상에너지 E_D는 전 손상에너지(누적소성변형에너지)는 0204.2를 참조로 하여 구할 수 있다.

(2) 각 층의 손상집중률

① 각 층의 손상집중률의 계산

건축물에 생기는 전체 손상 W_p에 대한 제i층에 발생하는 손상 W_{pi}의 비 W_{pi}/W_p는 다음 식으로 산정한다.

$$\frac{W_{pi}}{W_p}=\frac{s_i(p_i \cdot p_{ti})^{-n}}{\sum_{j=1}^{N}s_j(p_j \cdot p_{tj})^{-n}} \qquad (0404.1.1)$$

여기서,

$$s_i=\left(\sum_{j=i}^{N}\frac{m_j}{M}\right)^2\overline{\alpha_i^2}\,\frac{{}_fk_1}{{}_fk_i}$$

$$p_i=\frac{\alpha_i}{\alpha_1\overline{\alpha_i}}$$

p_{ti} : 편심을 고려한 손상집중계수

n : 손상집중지수

편심을 고려한 손상집중계수 p_{ti}는 층 내에서의 비틀림의 영향을 무시할 수 있는 경우에는 $p_{ti}=1$로 한다. 비틀림의 영향을 무시할 수 없는 경우에는 p_{ti}값으로 1미만의 값을 설정한다. p_{ti}값이 작을수록 그 층에 손상이 집중하는 경향을 나타낸다.

손상집중지수 n에 대해서는 골조의 구조형식과 붕괴모드에 의해 다른 값을 취하는 값으로 댐퍼를 이용한 손상제어형 구조에서는 다음의 값을 표준으로 한다. 손상집중지수 n이 커질수록 특정 층에 손상이 집중하는 경향을 나타낸다.

이력댐퍼 부착 골조	$n=4$	
기둥 항복형, 브레이스구조	$n=12$	
보 항복형	$n=8$	(0404.1.2)

② **편심을 고려한 손상집중계수의 산정**

편심을 고려한 손상집중계수의 산정 p_{ti}는 이하의 방법으로 정한다.

○층내 구면간의 최적강도분포

구면간의 최적강도분포는 탄성계의 전단력 분포와 일치할 때, 구면간의 최적강도분포는 다음 식으로 표현할 수 있다.

$$\frac{{}_iQ_x}{Q_x}=\frac{{}_i\widehat{Q}_x}{\sum_i {}_i\widehat{Q}_x} \tag{0404.1.3}$$

여기서, ${}_iQ_x$: i 구면의 강도

Q_x : x방향층의 강도$(\sum_i {}_iQ_x)$

${}_i\widehat{Q}_x$: 탄성계의 i 구면의 전단력

이다. 탄성계의 i 구면의 전단력 ${}_i\widehat{Q}_x$를 구하는 방법을 나타낸다.

비틀림 1차모드의 진동수비 및 고유모드 $\{x_1,\ \theta_1\}^T$는 다음 식과 같이 정해진다.

$$\frac{\phi_1=\left(1+j^{-2}+e^{-2}-\sqrt{(1+j^{-2}+e^{-2})^2-4\bar{j}^{2}}\right)^{1/2}}{2} \tag{0404.1.4}$$

$$\begin{Bmatrix} x_1 \\ \theta_1 \end{Bmatrix}=\begin{Bmatrix} 1 \\ (1-\phi^2)/e \end{Bmatrix} \tag{0404.1.5}$$

여기서, ϕ_1 : 비틀림 1차모드의 진동수비

$\bar{j}$: 탄성반경비$(=j/i)$

j : 탄성반경

i : 회전반경$[=\sqrt{(a^2+b^2)/12}$ (구형의 경우)]

$\bar{e}$: 편심비$(=e/i$, e : 편심거리)

x_1 : 중심의 변위

θ_1 : 회전각

비틀림 1차모드의 변형은 비례정수 q_1을 사용해서 다음 식으로 표현된다.

$$\begin{Bmatrix} x_1 \\ \theta_1 \end{Bmatrix} = q_1 \begin{Bmatrix} 1 \\ (1-\beta^2)/e \end{Bmatrix} \qquad (0404.1.6)$$

i구면의 전단력 ${}_i\widehat{Q}_x$는 다음 식으로 주어진다.

$${}_i\widehat{Q}_x = {}_ik_x \cdot q_1(x_1 + {}_il_y \cdot \theta_1) \qquad (0404.1.7)$$

여기서, ${}_ik_x$: i구면의 강성

${}_ik_y$: 중심으로부터 i구면까지의 거리(부호 고려)

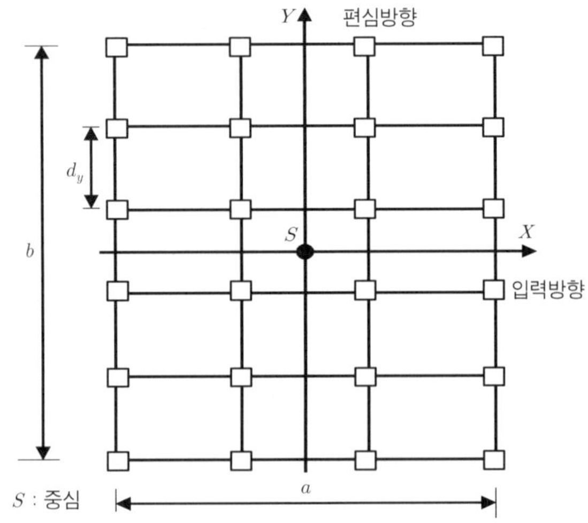

그림 0404.1.1 비틀림에 관한 제량

• 층 내의 강도분포와 최적강도분포 차이의 계산

구면간의 최적강도분포에 관한 편심량 e_q를, 최적분포의 강도중심과 실제 강도중심의 편심량으로 정의해서 다음 식과 같이 정한다.

$$\overline{e_q} = \left| \frac{\sum_i ({}_i\hat{Q}_x \cdot {}_il_y)}{\sum_i {}_i\hat{Q}_x} - \frac{\sum_i ({}_iQ_x \cdot {}_il_y)}{\sum_i {}_iQ_x} \right| \qquad (0404.1.8)$$

최적강도분포에 관한 편심비 $\overline{e_q}$는 구면간의 최적강도분포에 관한 편심량 e_q를 회전반경 i로 무차원화해서 구한다.

$$\overline{e_q} = \frac{e_q}{i} \qquad (04034.1.9)$$

• 편심을 고려한 손상집중계수 p_{ti}의 계산

편심을 고려한 손상집중계수 p_{ti}는 식(0404.1.9)으로 얻은 $\overline{e_q}$를 이용해서 다음식과 같이 정한다. 다만, $\overline{e_q} \leq 0.25$에서는 비틀림의 영향을 고려하지 않고 $p_{ti} = 1.0$으로 할 수 있다.

$$p_{ti} = (1 - \overline{e_q})^c \qquad (0404.1.10)$$

여기서, $c = 1/6$

(3) 골조의 지진응답의 계산

① 비틀림을 무시할 수 있는 경우

지진 시에 골조의 제i층의 누적소성변형배율의 정부양측의 평균값 $\overline{\eta_i}$, 최대층간변위 $\delta_{\max i}$, 최대층간변위각 $R_{\max i}$는 다음 식과 같이 정해진다.

$$\overline{\eta_i} = \frac{\alpha_e^2 - \alpha_1^2}{4 c_i \gamma_i \alpha_i^2} \qquad (0404.1.11)$$

$$\delta_{\max i} = \frac{1}{\sum_{j=1}^{N} \frac{m_j}{M}} \left\{ \frac{1}{4 n_1 \gamma_i} \frac{\alpha_1}{\alpha_i} \left(\frac{\alpha_0}{\alpha_1} - \frac{\alpha_1}{\alpha_e} \right) + c_i \frac{\alpha_i}{\alpha_e} \right\} \delta_e \qquad (0404.1.12)$$

$$R_{\max i} = \frac{\delta_{\max i}}{h_i} \qquad (0404.1.13)$$

여기서,

n_1 : 최대변형이 발생하는 루프의 반복된 빈도를 표현하는 정수

$$\gamma_i = 1/\frac{W_{pi}}{W_p}$$

$$c_i = \left(\sum_{j=1}^{N} \frac{m_j}{M}\right)^2 \frac{1}{\kappa_i}$$

$$\alpha_e = \frac{2\pi V_D}{gT}$$

$$\delta_e = \frac{TV_D}{2\pi}$$

최대변형이 발생하는 루프의 반복된 빈도를 표현한 정수 n_1은, 최대변형이 발생하는 루프의 반복된 횟수의 2배의 값과 같은 의미를 가지는 파라메타이고 그림 0404.1.2, 이하의 값을 이용한다.

인장브레이스구조	$n_1 = 1$
라멘구조	$n_1 = 2$

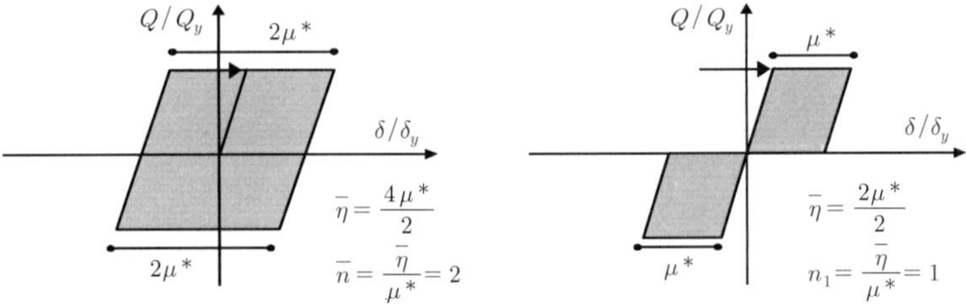

그림 0404.1.2 정수 n_1의 의미

또한, n_1은 다음 식과 같이 정의되는 값이다.

$$n_1 = \frac{\overline{\eta_i}}{\mu_i^*} \qquad (0404.1.14)$$

여기서,

$$\mu_i^* = \frac{\delta_{\max i} - \delta_{yi}}{\delta_{yi}} = \mu_i - 1$$

μ_i : 제i층의 소성률

δ_{yi} : 제i층의 항복변위

② **비틀림을 고려하는 경우**

층 내의 비틀림을 고려하는 경우의 제i층 j구면의 최대변형 ${}_j\delta_{\mathrm{max}i}$ 및 누적소성변형배율의 정부양측의 평균치 ${}_j\overline{\eta_i}$는 비틀림을 고려하지 않은 경우의 $\delta_{\mathrm{max}i}$ 식(0404.1.12) 및 $\overline{\eta_i}$ 식(0404.1.11)을 이용해서 다음 식과 같이 산정한다.

$${}_j\delta_{\mathrm{max}i} = \delta_{\mathrm{max}i}(1+\beta_T \cdot {}_jl_y \cdot \theta_i) \qquad (0404.1.15)$$

$${}_j\eta_i = \eta_i(1+\beta_T \cdot {}_jl_y \cdot \theta_1) \qquad (0404.1.16)$$

여기서, ${}_jl_y$: 부호를 고려한 중심으로부터 j구면까지의 거리

β_T : 비선형응답 시의 비틀림각의 증폭계수

비선형응답 시의 비틀림각의 증폭계수 β_T는 0.5로 한다.

제 5 장

제진구조의 지진응답해석

0501 설계용 입력지진동

> 제진건축물의 지진응답해석에 이용하는 설계용 입력지진동은 건설예정지 주변의 지진활동상황, 지반특성 등을 고려하여 설정한다.

해설

(1) 입력지진동의 선정

지금까지 동적응답 해석에는 과거의 지진기록들이 자주 사용되어 왔다. 그러나 과거의 지진동은 건설예정지의 조건이 다르고, 같은 건설 예정지의 경우에도 같은 지진이 발생할 확률이 매우 낮기 때문에 복수의 지진동을 이용함으로써 특정 지진동 하나만을 사용했을 때의 결과로 충분히 설명하지 못하는 현상을 보충하는 것이 타당하다. 고층건축물에서는 과거의 지진기록을 ① 표준적인 것, ② 지역특성을 고려한 것, ③ 장주기 성분을 포함하는 것 등 3가지로 분류하여 동적응답해석에 3종류 이상의 파형을 이용할 것을 권장한다.

그러나 이 지침에서는 이미 에너지법에 의해 어느 정도 응답특성을 예측할 수 있도록 설계하였으며, 동적해석에서는 그 결과를 검증하는 정도로 최소한 다음의 지진파는 이용하여 해석결과를 분석해야 할 것이다.

① El-Centro 1940 NS, Taft 1952 EW

지진의 진앙 부근의 경질지반에서 얻어진 기록이며, 랜덤성이 비교적 강하고 30초간 스펙트럼 특성이 거의 일정한 특징을 가지고 있다. 이러한 이유로 동적해석에 이용하는 입력지진동의 표준적인 것으로 가장 많이 사용되고 있다.

② Kobe 1995 NS

강진지역에서 발생한 것으로 우리나라의 지역특성을 반영하지 못하는 것으로 보일 수 있으나, 판구조론의 경계면에서 발생한 것이 아니라 단층에서 발생한 것으로 규모의 차는 있으나, 우리나라에서와 같이 단층에서 발생하는 지진의 형태를 나타낼 수 있고, 일방향성이 강한 형태의 지진파이다.

③ Hachinohe 1968 NS, EW

비교적 지속시간이 길고, 지진파의 후반부에 장주기 성분을 가지고 있는 지진동이다.

(2) 입력 지진동의 크기

지진응답해석에 이용하는 지진파의 대부분은 강진지역에서 발생한 지진의 기록이기 때문에 우리나라의 설계스펙트럼을 제대로 반영할 수 없다. 따라서 지진기록의 형태는 가속도로 표현되어 있으나, 이 가속도의 크기에 가속도 배율을 곱하여 크기를 조절할 필요가 있다.

설계하중에 대해 검토할 경우에는 각 입력지진동에 가속도 배율을 곱하여 제2장에서 제시한 설계용 에너지스펙트럼의 크기와 일치하도록 하여 지진응답해석을 실시한다.

또한 건축물의 한계상태까지를 분석하고자 할 때에는 설계용 스펙트럼과는 상관없이 건축물이 한계상태까지 도달하도록 가속도 배율을 조정하여 그 크기를 조절하도록 한다.

0502 해석모델

(1) 해석모델은 제진구조 및 제진장치에 예상되는 응답범위의 특성을 적절하게 파악할 수 있는 모델로 한다.

(2) 제진장치의 모델화에 있어서는 실험결과 등을 바탕으로 강성 및 감쇠성능을 적절하게 평가할 수 있는 모델로 한다.

해설

(1) 시각력 지진응답해석을 하기 위해서는 제진구조 및 제진장치에 예상되는 응답특성을 적절하게 평가할 수 있는 해석모델을 이용하는 것이 필요하다.

해석모델화의 기술도 지진관측에 의한 해석적 연구와 더불어 크게 진전되어 있으므로 각 세부적인 모델화 기법은 전문서적을 참고하기 바란다. 여기서는 모델화 과정에서 유의할 사항에 대해 기술하도록 한다.

① 지반과 건축물의 상호작용을 적절히 모델화할 필요가 있다. 상호작용을 위한 모델은 질점계에서는 수평과 회전이 가능한 해석값을 보통 사용하고 있다.

② 비선형성에는 재료에 관한 것과 기하학적인 것이 있다. 전자에서는 건축물의 이력특성을 적절하게 모델화해야 한다. 질점계에서는 층의 이력특성을 상정하는 경우와 보다 상세한 해석을 위해서는 구조부재 레벨에서 각각 모델화하여 사용한다.

③ 감쇠는 응답결과에 큰 영향을 미치기 때문에 감쇠값은 신중하게 결정해야 한다. 상호작용 모델에서는 건축물의 내부감쇠 설정에 특히 유의해야 한다. 보통 저층건축물에서는 경험적으로 사용되는 값은 지반과 건축물의 동적 상호작용에 의해 발생하는 지반으로의 일산감쇠의 효과를 포함하고 있으므로, 일산효과가 포함된 내부감쇠에 지반의 일산감쇠효과를 부가시키는 것은 적절하지 않다.

④ 장대스팬의 보와 바닥슬래브에 대해서는 입체모델을 이용한 해석을 권장한다. 간편한 해석을 위해서는 주로 질점계에 의한 전체모델을 구축하여 보 혹은 바닥슬래브 지지점의 응답을 구하고, 응답파형을 보, 바닥슬래브 등에 대한 입력으로 이용하는 경우가 있으

나, 그 부분적인 계가 비교적 작은 중량인 경우에도 이러한 부재의 감쇠는 비교적 적기 때문에 전 체계에 미치는 동적인 효과는 큰 경우가 많다.

⑤ 구조형태 및 제진장치의 배치의 부적절 등에 의해 편심이 커서 비틀림이 진동모드에 영향이 크다고 생각할 수 있는 경우와 Void를 가지는 구조에서는 입체모델을 이용한 검토가 필요한 경우도 있다.

(2) 질점계의 지진응답해석을 실시할 경우에 제진장치의 복원력 특성은 장치의 특성을 종류별로 분류하고 실험결과를 바탕으로 수직방향 및 수평방향 강성특성과 감쇠성능을 가능한 한 충실하게 모델화하는 것이 바람직하다. 또 제품의 제조편차와 경년변화에 따른 특성의 변화와 여러 가지 의존성에 대한 적절한 평가가 필요하다.

탄소성이력형 댐퍼를 사용하는 경우에는 완전탄소성형의 복원력모델인 Bi-Linear형 혹은 Tri-Linear형의 모델을 이용하는 것이 일반적이다. 점성댐퍼 등은 댐퍼를 감쇠성능 등을 고려한 데쉬포트로 모델화한다.

0503 안전성평가

(1) 제진구조에 대한 지진응답해석 결과를 이용하여 각 층의 최대층간변위를 구하고, 각 층의 최대층간변위가 설계허용변위 이하인 것을 확인한다.

(2) 지진응답해석에서 얻어진 각 층의 손상분포와 응답예측에 의한 손상분포를 비교하고, 각 층의 최대 소성변형량이 각 제진장치의 소성변형능력 이하인 것을 확인하여 안전성을 평가한다.

해설

(1) 지진응답해석 결과를 이용하여 건축물의 안전성을 검증하기 위해서는 해석결과로부터 각 층의 최대층간변위, 각 층의 누적소성변형에너지(이하 손상)의 분포, 각 층의 소성률 등을 평가한다. 먼저, 각 층의 최대 층간변위가 설계허용 층간변위 이하인 것을 확인해야 한다.

(2) 각 층의 손상분포에서는 설계에서 의도하거나, 응답 예측 식에 의한 결과와 좋은 대응을 나타내는가를 확인하여 설계의 적절성을 평가한

다. 그리고 각 층 혹은 제진장치에서 흡수한 에너지가 제진장치가 흡수할 수 있는 소성변형에너지 이하인 것을 확인한다. 제진장치에 발생한 손상이 허용치 이하인 경우에는 안전성을 확인할 수 있으나, 그렇지 않은 경우에는 설계과정에서 제진장치의 에너지 흡수능력을 재조정하거나 각 제진장치의 내력 및 강성 분포를 재조정해야 한다.

참고문헌

1. エネルギーのつり合いに基づく建築物の耐震設計, 秋山 宏, 技報堂, 1999年.
2. 建築物の耐震極限設計, 東京大学出版会, 1981.
3. エネルギーの収支に基づく免震制振構造物の設計法, 北村春幸.
4. Seismic Design with Supplemental Energy Dissipation Devices, Robert D. Hanson.
5. 改正建築基準法の免震関係規定の技術的背景, 日本建築研究所, 2004年.
6. エネルギー法に基づく耐震性能評価法-鋼構造建築物に適用した場合, 日本建築省建築研究所, 2000年.
7. エネルギーのつり合いに基づく耐震計算法の技術基準解説及び計算例とその解説, 日本建築センター, 2003年 7月.
8. シンポジウム'建築物の終局耐震性能評価手法の現状と課題' -限界耐力計算,エネルギー法,時刻歴 解釈法の比較-,日本建築学会, 2005年 5月 13日.
9. 応答制御構造設計法, 日本建築構造技術者協会, 2000年 12月.
10. Ben Kato and Hiroshi Akiyama : Inelastic Bar Subjected to Thrust Ande Cyclic Bending, ASCE, January, 1969.
11. Akiyama Hiroshi, Takahashi Makoto : Influence of Baushinger Effect on Seismic Resistance of Steel Stryctures, Journal of Struct. Constr. Eng.,AIJ, No 418, Dec., 1990.
12. Akiyama Hiroshi, Takahashi Makoto : The Ultimate Strength of Steel Cylindrical Structures Under Earthquakes, Journal of Struct. Constr. Eng.,AIJ, No 422, Apr., 1991.
13. Akiyama Hiroshi, Takahashi Makoto, Zhung Shi : Ultimate Energy Absorption Capacity of Round-Shape Steel Rods Subjected to Bending, Journal of Struct. Constr. Eng.,AIJ, No 475, Sep., 1995.
14. Akiyama Hiroshi, Kitamura Haruyuki : A Proposal of Design Energy Spectra Allowing for Rock and Soil Conditions, Journal of Struct. Constr. Eng.,AIJ, No 450, Aug., 1993.
15. Design of Seismic Isolated Structures, Farzad Naeim · James M. Kelly, 1999.
16. シンポジウム'免震構造の研究と設計', 日本建築学会 免震構造小委員会.
17. 免震構造設計指針, 日本建築学会.

설계예제

6층 2스팬의 설계

내용 :

- 구조시스템 : 철골구조
- 사용강재 : SM490
- 작용하중 : 고정하중 : 400kgf/m^2, 적재하중 : 300kgf/m
- 건축물폭 : 6m

A0101 중력하중에 대한 설계

지진하중을 고려하지 않고 수직(중력)하중만을 고려하여 설계한 구조부재는 다음과 같다.

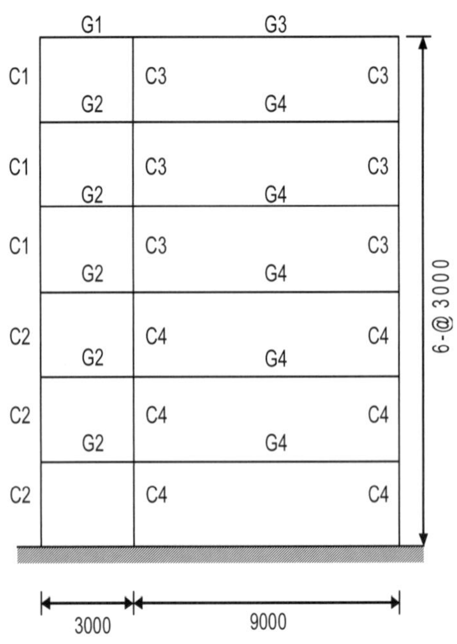

〈예제 건축물의 부재 및 특성값〉

보부재		$A\,(\mathrm{cm}^2)$	$I\,(\mathrm{cm}^4)$
G1	H−240×120×6×9	37	3,890
G2	H−220×110×5×9	32	2,770
G3	H−500×200×10×16	117	48,200
G4	H−450×190×9×14	95	33,740
기둥부재		$A\,(\mathrm{cm}^2)$	$I\,(\mathrm{cm}^4)$
C1	H−120×120×6×11	32	864
C2	H−140×140×7×12	41	1,509
C3	H−280×280×10×18	126	19,270
C4	H−300×300×11×19	142	25,166

A0102 지진하중에 대한 설계. 브레이스댐퍼의 요구강도와 강성 계산

단계 1 : 주골조의 구조특성값의 계산

① 각 층의 질량 산정

건축물의 내진설계에 대해서, 고정하중과 적재하중의 50%의 합을 고려했다. 모든 층은 다음과 같이 같은 질량 m_i을 갖는 것으로 가정했다.

$m_i = 40\,\mathrm{kgf \cdot sec^2/cm}$

② **최적항복전단력 계수분포**

$$\overline{\alpha_i} = \begin{cases} 1 + 0.5x_i' & (x_i' \le 0.2) \\ 1 + 1.5927x_i' - 11.8519x_i'^2 + 42.5883x_i'^3 & \\ - 59.4827x_i'^4 + 30.1586x_i'^5 & (x_i' > 0.2) \end{cases}$$

$\overline{\alpha}_i = (1.0, 1.08, 1.18, 1.38, 1.63, 2.18)$(1층, 2층, 3층, 4층, 5층과 6층)

③ **주골조의 층분할 및 수평강성**

주골조는 층골조로 분할한다. 보의 특성치를 분할하는데 사용하는 d_i계수는 식 (0402.3.2a)로 구할 수 있다.

$d_i = (0.53, 0.53, 0.53, 0.56, 0.60, 1)$

또한, 각 층골조는 일질점계로 축소한다. 각 단위 층골조의 수평강성은 식(0402.4.1a)에 의해 다음과 같이 계산된다.

${}_fk'_i = (10708, 10368, 10286, 9836, 9940, 14470)$ (단위 : kg/cm)

$P-\delta$효과를 고려하면, 위의 수평강성은 저하된다. $P-\delta$효과에 의해 저하되는 수평강성은 식(0402.6.1)에 의해 다음과 같이 계산된다.

${}_{P\delta}k_i = (792, 660, 528, 396, 264, 132)$ (단위 : kg/cm)

따라서 $P-\delta$효과를 고려한 수평강성 ${}_fk_i$는 식(0402.6.2)에 의해 구한 값은 다음과 같다.

${}_fk_i = (9961, 9708, 9758, 9440, 9676, 14338)$ (단위 : kg/cm)

④ **주골조의 항복전단력**

각 층골조의 최대전단력 ${}_fQ_{pi}$를 계산한다. ${}_fQ_{pi}$은 i층 골조의 전소성 붕괴기구의 형성에 상응하는 전단력이다. 중력하중에 의한 기둥의 축력과는 상반되게 전도모멘트에 의한 기둥의 추가축력은 ${}_fQ_{pi}$에 따르고, 그 값들은 이 계산단계에서는 모르는 값이다. 따라서 우선 기둥의 전소성모멘트 M_c는 중력하중에 의한 축하중만을 고려해서 구한다. 이후, M_c는 전도모멘트에 의한 추가 축하중을 적용해서 수정될 것이다.

여기서 고려된 골조에 대해서 ${}_fQ_{pi}$의 값은 식(0402.7.1)에 의해 다음과 같이 계산된다.

$${}_fQ_{pi} = (38415, 42841, 42413, 43595, 44214, 52952)$$

각 층골조의 항복전단력 ${}_fQ_{yi}$는 최대전단력 ${}_fQ_{pi}$의 75%를 가진다 (${}_fQ_{yi} = 0.75\,{}_fQ_{pi}$). 여기서 다루는 골조에 대해 ${}_fQ_{yi}$는,

$${}_fQ_{yi} = (28811, 32130, 31810, 32696, 33160, 39714)\ \mathrm{kgf}$$

⑤ 층골조의 항복변위

층골조의 항복변위 ${}_f\delta_{yi}$는 ${}_f\delta_{yi} = {}_fQ_{yi}/{}_fk_i$로서 구한다.

$${}_f\delta_{yi} = (2.91, 3.31, 3.26, 3.46, 3.43, 2.77)\ \mathrm{cm}$$

⑥ 주골조의 고유주기

주골조의 등가강성 k_{eq}는 식(0402.8.1)에 의해 다음과 같이 구해진다.

$$k_{eq} = 3264\mathrm{kg/cm}$$

고유주기 T_f는 식(0402.8.2)에 의해서 다음과 같이 구해진다.

$$T_f = 1.71\mathrm{sec}$$

⑦ 주골조의 강성비율

강성비율 χ_i는 $\chi_i = {}_fk_i/k_{eq}$로 정의된다.

$$\chi_i = (3.04, 2.97, 2.99, 2.89, 2.96, 4.39)$$

⑧ 제1층의 손상분산계수 γ_1

손상분산계수 γ_1은 손상이 제1층 이외의 층에 분산되는 정도를 의미하며, γ_1은 $\gamma_1 = (W_p/W_{p1})$로 정의된다. 건축물의 높이에 따른 댐퍼의 항복강도 분포는 최적항복전단력 계수분포 $\overline{\alpha_i}$에 따른다. 계수 p_i는 $p_1 = 1$이다. 또한 1층에 대해서 $s_1 = 1$이므로, γ_i는 다음과 같이 나타낼 수 있다.

$$\gamma_1 = \sum_{1}^{N} s_j \ ;\ s_i = \left(\sum_{j=i}^{N} \frac{m_j}{M}\right)^2 \frac{k_1}{k_i} \overline{\alpha_i^2} \ ;\ p_i = \frac{\alpha_i}{\alpha_1 \overline{\alpha_i}}$$

여기서 k_1와 k_i는 각각 1층과 i층의 수평강성이다. 주골조의 강성 ${}_fk_i$와 댐퍼의 강성 ${}_fk_i$비 $K={}_sk_i/{}_fk_i$는 모든 층에서 같게 한다. 결과적으로, k_1/k_i은 ${}_fk_1/{}_fk_i$이다. 여기서 다루는 골조에 대해서, 위에서 설명된 것 같이 계산한 γ_1의 값은 :

$$\gamma_1 = 3.423$$

단계 2 : K값의 결정

댐퍼부와 주골조의 강성비 $K={}_sk_i/{}_fk_i$는 자연스럽게 채택된다. 모든 층에 대해서 같은 K값을 가진다. 이 지침에서는 K값이 4보다 커야 한다는 것을 제안했다. 여기에 다음 값을 채택했다.

$$K = 10$$

단계 3 : 최대허용층간변위의 $\delta_{\lim,i}$ 결정

$\delta_{\lim,i}$과 ${}_f\delta_{yi}$의 대소에 의해서, 설계플로차트에서 두 가지가 고려된다. 이 예에서 다루는 골조에서는, $\delta_{\lim,i} < {}_f\delta_{yi}$이면, "주골조 : 탄성", $\delta_{\lim,i} > {}_f\delta_{yi}$이면, "주골조 : 탄소성"인 경우이다.

① 주골조가 탄성에 머무는 경우($\delta_{\lim,i} < {}_f\delta_{yi}$)

본 예제에서는 각 층의 층고가 같고 주골조가 탄성에 머물게 하기 위해서 앞에서 구한 주골조의 항복변위의 최소값을 이용한다.

$$\delta_{\lim,i} = 2.77\,\mathrm{cm}$$

② 주골조에 손상을 허용하는 경우($\delta_{\lim,i} > {}_f\delta_{yi}$)

주골조의 손상을 허용하는 경우는 설계법 등을 참고하여 최대허용층간변위 $\delta_{\lim,i}$를 임의로 결정할 수 있다. 여기서는 골조의 최대허용층간변위를 다음 값으로 정하였다.

$$\delta_{\lim,i} = h/75 = 4.0\,\mathrm{cm}$$

단, $\delta_{\lim,i}$값은 주골조의 항복변위 ${}_f\delta_{yi}$의 2배 이하로 한다. 즉, $\delta_{\lim,i}$

$\leq 2_f\delta_{yi}$이다.

단계 4 : 골조의 허용손상, $_f\bar{\eta}_{\lim,i}$ 결정

이 단계는 주골조의 손상을 허용하는 경우($\delta_{\lim,i} > {_f\delta_{yi}}$)에만 필요한 단계이며, 층골조에 허용되는 손상 $_fW_{\lim,i}$는 임의로 선정할 수 있다.

여기서 다루는 예에서, 각 층에서 허용하는 최대 $_fW_{\lim,i}$는 항복하는 부재에서 하나의 소성힌지가 흡수하는 에너지양이며, 여기서는 보에서 소성힌지가 발생하는 것으로 가정하였다. 철골보의 무차원화 된 소성회전성능 $\bar{\eta}_{rot}$은 보통 2 이상을 확보할 수 있는 것으로 알려져 있으나, 여기서는 안전 측으로 $\bar{\eta}_{rot} = \theta/\theta_p = 1.5$로 가정하였다.

만약 콘크리트와 같이 취성이 강하고 특별한 보강이 없거나 소성변형성능이 충분히 검증되지 않은 경우에는 $\bar{\eta}_{rot} = 1.0$을 사용할 것을 권장한다.

$_fW_{\lim,i}$는 다음과 같이 평가한다.

$$_fW_{\lim,i} = 2\bar{\eta}_{rot}\theta_pM_p = 2\times1.5\times0.0120\times56.8\times10^5 = 2.05\times10^5\,\text{kgf.cm}$$

여기서 $\theta_p = LM_p/6EI$; L은 길이 ; M_p는 전소성모멘트 ; E는 영계수이고 I는 보의 단면이차모멘트이다. 모든 층에 같은 $_fW_{\lim,i}$값을 채택했다. 지금 $_fW_{\lim,i}$는 $_f\bar{\eta}_{\lim,i}$로 표현하면 다음과 같다. $_f\bar{\eta}_{\lim,i}$로 표현하면 다음과 같다.

$$_f\bar{\eta}_{\lim,i} = \frac{1}{2}\frac{_fW_{\lim,i}}{_fQ_{yi_f}\delta_{yi}}$$

위 식을 이용하여 구한 각 층의 $_f\bar{\eta}_{\lim,i}$는 다음과 같다.

$$_f\bar{\eta}_{\lim,i} = (1.22, 0.96, 0.99, 0.90, 0.90, 0.93)$$

한계층간변위 $\delta_{\lim,i}$를 사전에 알면, 각 층골조의 손상 $_f\bar{\eta}'_i$는 다음 식으로부터 쉽게 예측할 수 있다.

$$_f\bar{\eta}'_i = 2\left(\frac{\delta_{\lim,i}}{_f\delta_{yi}} - 1\right)$$

$_f\bar{\eta}'_i$는 한계값 $_f\bar{\eta}_{\lim,i}$보다 작아야 한다. 이 조건을 만족하지 않으면, 보 또는

기둥의 크기를 수정해야 한다. 여기서 다루는 골조 예에서 ${}_f\bar{\eta}'_i$는 :

$${}_f\bar{\eta}'_i = (0.75, 0.42, 0.45, 0.31, 0.33, 0.89)$$

${}_f\bar{\eta}'_i$가 모든 층에서 ${}_f\bar{\eta}_{\lim, i}$보다 작으면 다음 단계로 넘어갈 수 있다.

단계 5 : 설계지진입력에너지 레벨 결정

① 설계지진입력에너지 선정

설계지진입력에너지, E는 0204.1절에서 규정한 값을 사용한다. 이 예에서는 S_E지반에서의 값 $V_E = 130\text{cm/sec}$을 사용해야 하나, 다소 입력레벨을 크게 하여, 다음의 값을 가정하였다.

$$V_E = 150\text{cm/sec}$$

V_E는 에너지 등가속도로 표현되는 입력에너지 E이다. 이 예에서, 감쇠비 h는 $h = 0.0$으로 한다.

$$V_D = V_E$$

② α_e, ${}_f r_i$ 계산

α_e는 $\alpha_e = \dfrac{2\pi V_D}{g\, T_f}$으로 계산하고 주골조의 항복강도 ${}_f Q_{yi}$는 ${}_f r_i = \dfrac{{}_f\alpha_i}{\alpha_e \bar{\alpha}_i}$에서 정의한 계수 ${}_f r_i$에 의해서 α_e로서 표현된다. α_e는 모든 에너지입력 V_D를 흡수하는 주골조만의 밑면전단력계수이다.

여기서 다루는 골조 예에서 α_e와 ${}_f r_i$는 다음과 같다.

$$\alpha_e = \frac{2\pi V_D}{g\, T_f} = 0.562$$

$${}_f r_i = \frac{{}_f\alpha_i}{\alpha_e \bar{\alpha}_i} = (0.216, 0.267, 0.303, 0.355, 0.456, 0.821)$$

단계 6 : 댐퍼의 형상 결정 및 요구강도 계산

① 댐퍼의 형상 및 재료적 특성치

이 예에서 연강으로 만든 “휨항복형” 슬릿플레이트를 가진 댐퍼를 선택했다. 강재의 재료적 특성치는 다음과 같다.

항복응력 : $\sigma_y = 330\text{kgf/cm}^2$, 최대응력 : $\sigma_B = 4{,}900\text{kgf/cm}^2$,

영계수 : $E = 2{,}100\ \text{tf/cm}^2$

이 댐퍼의 이력거동과 최대에너지 흡수능력을 정의하는 변수는 실험으로부터 다음과 같이 결정된 값을 사용하였다.

$$Q_y'/Q_y = 1.0\ ;\ Q_B/Q_y = \sigma_B/\sigma_y = 1.5$$
$$k_{p1} = 1/25\ ;\ k_{p2} = 1/125$$
$$u = 4.02\ ;\ b = 1325$$

② 댐퍼의 강도분포

$_s r_i$로 표현되는 각 층골조의 댐퍼에 요구되는 강도를 계산한다. 건축물 높이에 따른 댐퍼의 항복강도분포는 최적항복전단력 계수분포 $\overline{\alpha_i}$에 따라서 정한다. 결과적으로 $_s r_i$는 모든 층에 대해서 같은 값을 가진다($_s r_i = {_s r}$). 요구되는 $_s r$은 주골조가 탄성을 유지하는 경우와 주골조가 소성변형을 경험하는 경우를 분리해서 구한 $_s r_{\min}$과 $_s r_{\delta\max}$의 최대값이다. $_s r_{\min}$은 댐퍼가 최대에너지 흡수능력을 발휘하도록 하는 강도를 나타낸다. $_s r_{\delta\max}$는 설정한 최대층간변위 이하가 되도록 하는 댐퍼의 요구최소강도이다.

따라서 식(0403.1.5)와 식(0403.1.6)을 참조로 하면 $_s r$의 값은 다음과 같다.

$$_s r = 0.24$$

단계 7 : 기둥에서 전도모멘트와 추가 축하중 계산

① 전도모멘트 계산

각 층에서 최대 가능한 전도모멘트, $M_{ov,i}$는 식(0402.9.3)에 의해서 다음과 같이 계산한다.

$$M_{ov,i} = \frac{1}{2}\alpha_e hgm \sum_{j=i}^{N}\left[\overline{\alpha_j}(N-j+1) - \overline{\alpha_{j+1}}(N-j)\right](j-i+1)$$
$$M_{ov,i} = (819, 658, 477, 320, 182, 73)\ \text{t·m}$$

여기서 전도모멘트는 골조의 외부기둥이 받는다고 가정한다. 외부기둥의

추가 축하중, ΔN_i는 식(0402.9.4)으로 구한다. 여기서 ΔN_i는

$$\Delta N_{e,i} = \frac{M_{ov,i}}{d_0}$$

$$\Delta N_{e,i} = (68.2, 54.8, 39.8, 26.7, 15.1)$$

단계 8 : 전도모멘트에 의한 추가축하중을 받는 기둥 검토

외부기둥은 추가축하중 ΔN_i로 검토한다. 축하중을 고려하면 골조에서 외부기둥의 크기는 증가한다. 수정된 크기를 가진 기둥은 다음 그림에 나타나 있다. 현재 일부부재의 크기가 수정되기 때문에, 새로운 순골조의 특성값이 재계산되어야 한다.

수정된 기둥부재 사이즈

기둥부재		A(cm^2)	I(cm^4)
C1-1	H-175×175×7.5×11	51.2	2,880
C2-1	H-200×200×8×12	63.5	4,720
C2-2	H-250×250×9×14	92.2	10,800
C4-1	H-350×350×12×19	174	40,300

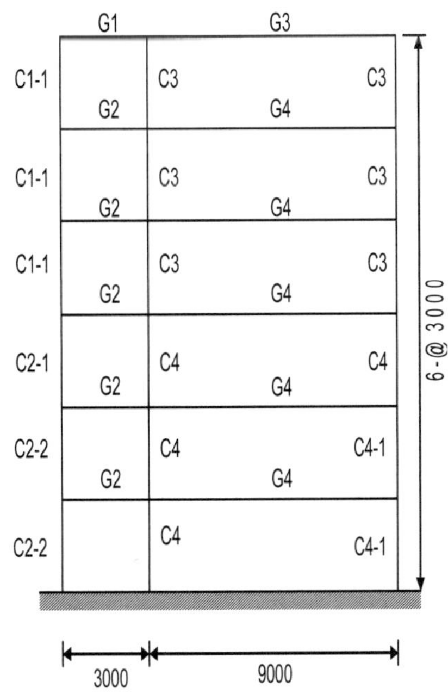

Iteration 2

Iteration 2는 Iteration 1의 자세한 설명을 바탕으로 간략화해서 특성값을 위주로 정리한다.

■ Iteration 2-단계 1 : 순골조의 특성값 결정

① 보의 특성값 분할에 사용되는 d_i계수 :

$$d_i = (0.52, 0.53, 0.53, 0.56, 0.60, 1)$$

② $P-\delta$효과를 고려한 층골조의 수평강성 :

$${}_fk_i = (10565, 10315, 9900, 9546, 9784, 14544)\text{kg/cm}$$

③ 순골조의 등가강성 k_{eq}와 고유주기 T_f :

$$k_{eq} = 3{,}411\text{kg/cm}$$

$$T_f = 1.67\,\text{sec}$$

강성비 $\chi_i = {}_fk_i / k_{eq}$:

$$\chi_i = (3.1, 3.03, 2.9, 2.8, 2.9, 4.26)$$

계수 γ_1의 새로운 값 :

$$\gamma_1 = 3.42$$

④ 다음으로, 각 층골조 유요소의 최대전단력 :

$${}_fQ_{pi} = (45300, 36787, 38853, 37984, 39554, 42213)\text{kgf}$$

⑤ 각 층골조의 항복전단력, ${}_fQ_{yi} = 0.75{}_fQ_{pi}$:

$${}_fQ_{yi} = (33795, 27590, 29140, 28488, 29670, 31652)\text{kgf}$$

⑥ 각 층 유요소의 항복변위, ${}_f\delta_{yi}$:

$${}_f\delta_{yi} = (3.21, 2.67, 2.94, 2.98, 3.03, 2.17)\text{cm}$$

■ Iteration 2–단계 2 : K값 결정

첫 번째 iteration에서 사용된 같은 값을 채택한다.

$$K = 10$$

■ Iteration 2–단계 3 : 최대허용층간변위 $\delta_{\lim,i}$ 결정

첫 번째 iteration에서 사용된 같은 $\delta_{\lim,i}$을 잡는다.

■ Iteration 2–단계 4 : 순골조의 허용손상 ${}_f\bar{\eta}_{\lim,i}$ 결정

첫 번째 iteration에서 사용된 동일한 ${}_fW_{\lim,i}$를 채택한다. ${}_f\bar{\eta}_{\lim,i}$는 새로운 ${}_f\delta_{y,i}$, ${}_fQ_{yi}$로 다시 계산한다.

$${}_f\bar{\eta}_{\lim,i} = (1.03,\ 1.51, 0.97, 1.30, 1.24, 2.46)$$

${}_f\bar{\eta}'_i$에 의해 표현된 유요소의 예측된 손상은 새로운 ${}_f\delta_{y,i}$ 값을 가지고 다시 계산한다.

$${}_f\bar{\eta}'_i = (0.65, 0.99, 0.70, 0.68, 0.64, 1.68)$$

${}_f\bar{\eta}'_i$이 모든 층에 대해서 ${}_f\bar{\eta}_{\lim,i}$보다 작기 때문에 다음 단계로 넘어 간다.

■ Iteration 2–단계 5 : 설계지진에너지 입력 결정

첫 번째 iteration에서 사용된 지진입력에너지와 같은 레벨을 잡는다.

$$V_E = V_D = 150\mathrm{cm/sec}$$

순골조의 고유주기가 바뀌었기 때문에, α_e와 ${}_fr_i$는 다시 계산해야 한다.

$$\alpha_e = 0.576$$

$${}_fr_i = 90.246, 0.225, 0.27, 0.30, 0.39, 0.64)$$

■ Iteration 2–단계 6 : 브레이스댐퍼의 타입 결정 및 요구강도 계산

전 iteration에서 사용된 브레이스댐퍼와 같은 타입을 채택한다. 댐퍼의 이력거동과 최대에너지 흡수능력을 정의하는 재료 특성치와 변수 :

항복응력 : $\sigma_y = 3{,}300\text{kgf/cm}^2$

최대응력 : $\sigma_B = 4{,}900\text{kgf/cm}^2$

영 계 수 : $E = 2{,}100\text{tf/cm}^2$

$Q'_y / Q_y = 1.0$; $Q_B / Q_y = \sigma_B / \sigma_y = 1.5$; $k_{p1} = 1/25$; $k_{p2} = 1/125$;

$u = 4.02$; $b = 1{,}325$

${}_s r_i$로 표현된 각 층골조 강요소의 요구강도를 재계산한 값 : ${}_s r = 0.23$

■ Iteration 2–단계 7 : 기둥의 전도모멘트와 추가 축하중 계산

각 층의 최대 전도모멘트, $M_{ov,i}$는 새로운 D_{s1}값을 사용하여 다시 계산한다.

$$M_{ov,i} = (1000, 769, 558, 374, 212, 85)\ \text{t·m}$$

외부기둥의 추가 축하중, ΔN_i은 :

$$\Delta N_i = (83.3, 64, 46.5, 31.1, 17.7, 7.1)$$

■ Iteration 2–단계 8 : 전도모멘트에 의한 추가 축하중을 받는 기둥 검토

기둥의 추가 축하중 ΔN_i가 첫 번째 iteration에서 구한 것보다 크기 때문에, 외부기둥은 새로운 ΔN_i 값으로 다시 검토한 결과 외부기둥의 크기가 만족한다.

■ Iteration 2–단계 9 : 기둥의 새로운 ΔN_i로 ${}_f Q_{yi}$로 재계산

기둥의 추가축하중 ΔN_i가 전 iteration에서 구한 것보다 크기 때문에, 기둥의 전소성모멘트, M_c는 감소한다. 따라서 순골조 각층의 항복전단력 ${}_f Q_{yi}$와 항복변위 ${}_f \delta_{yi}$는 다시 계산해야 한다. 이전에 진행했던 것처럼, 첫째 ${}_f Q_{pi}$ 계

산, 다음 ${}_fQ_{yi} = 0.75{}_fQ_{pi}$ 계산, 끝으로 ${}_f\delta_{yi} = {}_fQ_{yi}/{}_fk_i$에 의해 구한 ${}_f\delta_{yi}$:

$${}_f\delta_{yi} = (2.7, 2.74, 2.94, 2.93, 3.02, 2.16)$$

- Iteration 2-단계 10 : 현재 Iteration의 단계 1에서 얻은 것과 새로운 ${}_f\delta_{yi}$를 비교하면, 차이는 매우 작다(대체로 15% 보다 작음). 이 iteration은 따라서 만족한다고 생각된다.

결과적으로, 건축물의 댐퍼는 다음의 ${}_sk_i = K_f k_i$와 ${}_sr$ 값을 통해서 설계한다.

$${}_sk_i = K_f \cdot\ k_i = {}_fk_i \cdot 10 = (105650, 103150, 98500, 95460, 97840, 145440)\text{kg/cm}$$

$${}_sr = {}_sr_i = 0.23$$

${}_sk_i$는 i층 댐퍼의 수평강성이다. 즉, 각 층에 설치된 브레이스댐퍼에 의한 수평강성이다. ${}_sr$은 i층 댐퍼의 항복강도이다. i층 댐퍼의 수평항복전단력, ${}_sQ_{yi}$:

$${}_sQ_{yi} = {}_sr\overline{\alpha}_i\alpha_e\sum_{j=i}^{N} m_j\,g = (30881, 27714, 25339, 21380, 16929, 11482)$$

골조에 브레이스댐퍼의 배치, 댐퍼 설계

이 예에서 다루는 골조에서는, 다음의 그림에 나타낸 것 같이 각 층의 첫 스팬에 브레이스댐퍼를 설치했다. 브레이스댐퍼의 축과 수평 사이의 각은 $\beta = 45°$이다.

각 층골조의 수평강 ${}_sk_i$와 브레이스댐퍼의 축강성 ${}_bk_{ij}$ 사이의 관계는 :

$${}_sk_i = \sum_{j=1}^{n_{bi}} {}_bk_{ij}\cos^2\beta_j$$

여기서 n_{bi}는 i층에 설치된 댐퍼의 총개수, ${}_bk_{ij}$는 i층 골조의 j댐퍼의 축강성이고 β_j는 수평과의 각도이다. 여기에 다룬 골조 예에서, $n_{bi} = 1$이고, $\beta = 45°$이다. 이 식에 위에서 구한 ${}_sk_i$의 값을 대입함으로써 각각 댐퍼부에 대한 요구 축강성 ${}_bk_{ij}$은 다음과 같다 :

$$ {}_{b}k_i = (211300, 206300, 197000, 190920, 195680, 290880)\text{kg/cm} $$

각 층골조에 설치된 댐퍼의 수평항복전단력 ${}_{s}Q_{yi}$와 축항복력 사이의 관계는 :

$$ {}_{s}Q_{yi} = \sum_{j=1}^{n_{bi}} {}_{b}Q_{y,ij} \cos\beta_j $$

여기서 ${}_{b}Q_{y,ij}$는 i층 골조의 j댐퍼부의 축항복력이다. 위에서 구한 ${}_{s}Q_{yi}$의 값을 이 식에 대입하면, 각각의 댐퍼부의 요구항복강도 ${}_{b}Q_{y,ij}$는 다음과 같다 :

$$ {}_{b}Q_{y,ij} = (43672, 39193, 35834, 30236, 23941, 16238)\text{kgf} $$

각 층의 댐퍼를 설계한다.

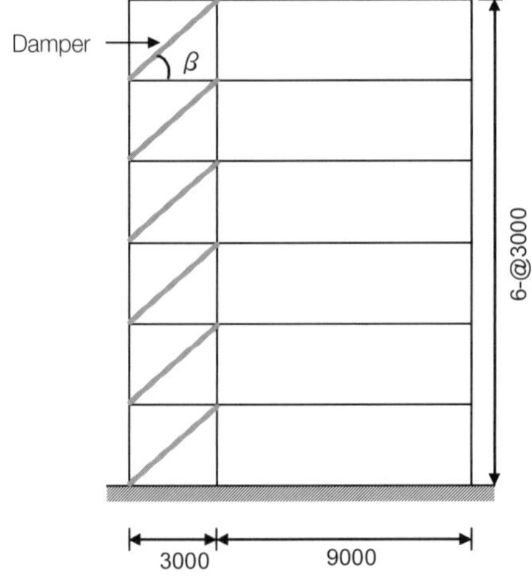

슬릿플레이트의 설계

다음의 표는 목표로 하는 댐퍼의 항복 및 탄성강성에 맞게 각 층별로 슬릿플레이트 댐퍼를 설계한 것을 나타낸다. 댐퍼의 설계는 [0402.10]절 "이력댐퍼의 설계"를 참조로 하였다. 표에는 슬릿플레이트에서 스트럿의 크기 및 형상 등을 요약하여 나타냈다.

이 예제에 적용하는 댐퍼는 브레이스에 삽입된 형태로, 층골조의 항복내력 및 탄성강성을 고려하여 브레이스 1개당 양단에 2개의 댐퍼를 설치하도록 하였다.

Story	Target Q_y(kgf)	Target K_e(kgf/cm)	n	t (cm)	B (cm)	H (cm)	$r=H/4$ (cm)	H_T (cm)	Actual Q_y(kgf)	Actual K_e(kgf/cm)
6	16,238	290,880	32	1.2	1.2	3.9	1.0	5.9	18,146	291,274
5	23,941	195,680	32	1.2	1.8	7.4	1.9	11.2	25,607	194,287
4	30,236	190,920	32	1.2	2.2	9.0	2.3	13.6	31,453	196,953
3	35,834	197,000	40	1.2	2.2	9.7	2.4	14.5	36,478	199,897
2	39,193	206,300	40	1.2	2.4	10.3	2.6	15.5	40,884	215,536
1	43,672	211,300	40	1.2	2.5	10.4	2.5	15.4	43,935	235,033

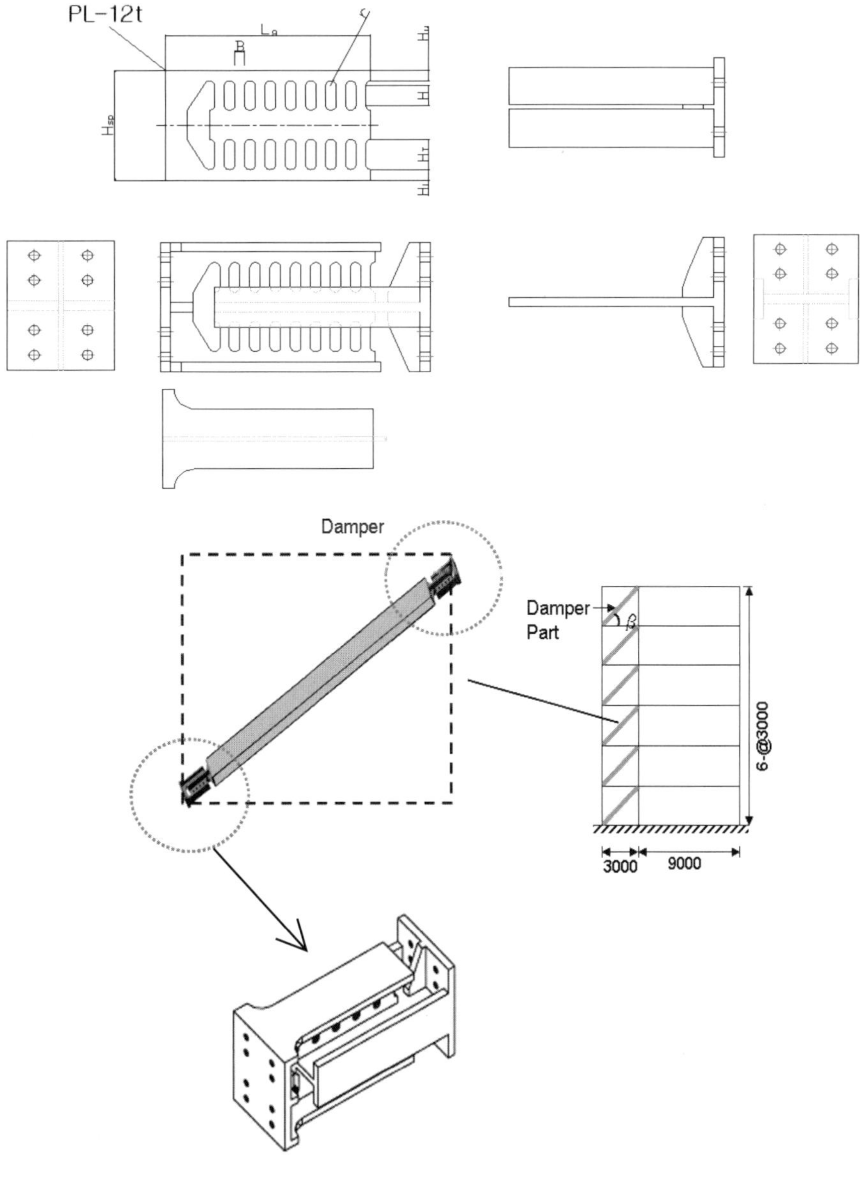

부 록

Ⅰ. Seismically Isolated Structures (IBC2000)

Ⅱ. 제진구조 시공사례

I

Seismically Isolated Structures (IBC2000)

1623.1 설계요구사항(Design requirements)

모든 면진구조물과 그에 포함되는 각각의 부분들을 설계하고 시공할 때, 이 장의 요구조건에 근거하여 설계되고 시공되어야 한다.

횡저항시스템과 면진시스템은 지반운동에 의해 발생하는 변형과 응력을 견딜 수 있게 본 절에서 제시한 것처럼 설계되어야 한다.

면진시스템의 수평하중을 지지하는 요소의 안정성은 총 최대변위와 동등한 횡방향 변위에 대해서 해석과 실험을 수행하여 증명해야 한다.

면진구조에 대해서, 지진하중, 내진용도 그룹, 중요도계수 I, 내진설계 범주, 반응수정계수 R, 시스템 초과강도 계수 Ω_0, 변위증폭계수 C_d의 결정과 구조시스템의 높이와 사용의 제한은 비면진구조물에서 규정된 것과 같다.

1623.1.1 내진용도그룹(Seismic use group)

면진구조시스템을 포함한 건물의 부분은 Section 1616.2의 요구조건에 근거하여 정해야 한다.

1623.1.2 외형(Configurations)

각각의 건물은 면진시스템 상부구조의 외형을 근거로 하여 정형, 비정형으로 구분한다.

1623.1.3 응답해석방법의 선택(Selection of lateral response procedure)

응답해석방법의 선택은 다음과 같이 한다.

1623.1.3.1 등가응답해석(Equivalent lateral response procedure)

1. 구조물은 0.60g 이하의 S_1 지반에 위치한다.
2. 구조물은 지반등급 A, B, C, 또는 D인 지역에 위치한다.
3. 면진층 위의 구조물 높이는 4층 또는 65feet(19812 mm)이하여야 한다.
4. 면진구조물의 최대변위에서 유효주기, T_M은 3.0초 이하여야 한다.
5. 설계변위에서 면진구조물의 유효주기, T_D는 면진시스템 상부구조의 탄성, 고정기초주기의 3배 이상이어야 한다.
6. 면진시스템의 상부구조는 정형이어야 한다.
7. 면진시스템은 다음의 조건을 만족해야 한다.
 7.1 설계변위에서 면진시스템의 유효강성은 설계변위 20%하에서의 유효강성의 1/3보다 크다.
 7.2 면진시스템은 Section 1623.5.1.4에서 설명된 것 같이 복원력을 발생한다.
 7.3 면진시스템은 하중재하속도에 독립적인 힘-변위 특성을 갖는다.
 7.4 면진시스템은 수직하중과 양방향 하중에 독립적인 힘-변위 특성을 갖는다.
 7.5 면진시스템의 최대가능지진변위는 적어도 총 설계지진변위의 S_{M1}/S_{D1} 배이다.

1623.1.3.2 동적응답해석방법(Dynamic lateral response procedure)

Section 1623.3의 동적응답해석의 사용은 일부 건물의 설계에 사용한다. Section 1623.3의 동적응답해석의 사용은 Section 1623.1.3.1을 만족하지 않는 면진구조물의 설계에 요구된다.

1623.1.3.3 응답스펙트럼해석(Response-spectrum analysis)

응답스펙트럼해석은 다음 조건의 면진구조물의 설계에 사용한다.

1. 구조물은 지반등급 A, B, C, 또는 D인 지역에 위치한다.
2. 면진시스템은 Section 1623.1.3.1의 Item 7의 조건을 만족한다.

1623.1.3.4 시간이력해석(Time-history analysis)

Section 1623.3의 요구조건과 일치하는 시간이력해석은 모든 면진구조물과 Section 1623.1.3.3의 조건을 만족하지 않는 면진구조물의 설계에 사용한다.

1623.1.3.5 특정지반 응답스펙트럼(Site-specific design spectra)

설계지반지진과 최대가능지진의 대지별 특정지반 응답스펙트럼은 Section 1623. 3에 의하여 생성되며, 아래에 설명된 면진시스템의 설계와 해석에 사용한다.

1. 구조물은 지반등급 E, F인 지역에 위치한다.
2. 구조물은 0.60g 이상의 S_1 지반에 위치한다.

1623.2 등가응답해석방법(Equivalent lateral response procedure)

모든 면진구조물 또는 해당하는 부분들은 본 절과 Section 1617.4의 조건에서 설명한 최소설계변위와 설계력에 저항하도록 설계되고 시공되어야 한다.

1623.2.1 면진시스템의 변형특성(Deformation characteristics of the isolation system)

면진구조물의 최소 횡지진설계변위와 외력은 면진시스템의 변형특성에 기초한다. 면진시스템의 변형특성은 요구조건이 있을 때 풍저항시스템을 명백히 고려해야 한다. 면진시스템의 변형특성은 Section 1623.8에 의하여 수행된 적절한 테스트에 기초한다.

1623.2.2 최소횡변위(Minimum lateral displacement)

면진시스템은 본 절에 설명된 최소횡지진변위에 견디도록 설계되고 시공되어야 한다.

1623.2.2.1 설계변위(Design displacement)

면진시스템은 구조물의 수평방향 주축에 대하여 작용하는 최소횡방향 지진변위, D_D를 견디도록 설계되고 시공되어야 한다.

$$D_D = \left(\frac{g}{4\pi^2}\right)\frac{S_{D1}T_D}{B_D} \qquad \text{(식 16-79)}$$

여기서, B_D : 설계변위에서 면진시스템의 유효감쇠에 따른 계수

g : 중력가속도

S_{D1} : Section 1615.1에서 결정되어진 주기 1초에 대한 설계 5-퍼센트 감쇠응답스펙트럼 가속도

T_D : 식 16-80에 나타낸 것 같이 고려되는 방향으로 설계변위에 대한 면진구조물의 유효주기

TABLE 1623.2.2.1

DAMPING COEFFICIENT, B_D OR B_M

Effective damping, B_D OR B_M (Percentage of critical)[a,b]	B_D OR B_M Factor
$\leq 2\%$	0.8
5%	1.0
10%	1.2
20%	1.5
30%	1.7
40%	1.9
$\geq 50\%$	2.0

1623.2.2.2 설계변위 하에서 유효주기(Effective period at design displacement)

면진구조물의 유효주기, T_D는 면진시스템의 변형특성을 고려하여 다음의 식으로 결정되어야 한다.

$$T_D = \sqrt{\frac{W_1}{k_{D\min} g}} \qquad \text{식(16-80)}$$

여기서, k_{Dmin} : 식(16-93)에 나타낸 수평방향의 설계변위에 대한 면진시스템의 최소유효강성

W_1 : 면진층 상부구조물의 총 고정하중

1623.2.3 최대횡변위(Maximum lateral displacement)

수평응답이 가장 불리한 방향에 대한 면진시스템의 최대변위, D_M은 다음 식으로 계산된다.

$$D_M = \frac{\left(\frac{g}{4\pi^2}\right) S_{M1} T_M}{B_M} \qquad \text{식(16-81)}$$

여기서, S_{M1} : Section 1615.1에서 결정되어진 주기 1초에 대한 최대 5-퍼센트 감쇠 응답스펙트럼 가속도

T_M : 식(16-82)에 나타낸 것 같이 고려되는 방향으로 최대변위에

대한 면진구조물의 유효주기

B_M : 최대변위에서 면진시스템의 유효감쇠에 따른 계수

1623.2.3.1 최대변위 하에서 유효주기(Effective period at the maximum displacement)

최대변위하에서 면진구조물의 유효주기, T_M은 면진시스템의 변형특성을 고려하여 다음의 식으로 결정되어야 한다.

$$T_D = 2\pi\sqrt{\frac{W_1}{k_{M\min}g}} \qquad \text{식(16-82)}$$

여기서, k_{Mmin} : 식(16-95)에 나타낸 수평방향의 최대변위에 대한 면진시스템의 최소유효강성

1623.2.4 총횡변위(Total lateral displacement)

면진시스템 요소의 총설계변위, D_{TD}와 총최대변위, D_{TM}는 면진시스템의 횡강성의 분배와 질량편심의 가장 불리한 방향을 고려하여 계산된 실제 편심 및 우발편심으로 인한 부가적인 변위를 포함한다. 횡강성이 균등하게 분배된 면진시스템 요소의 총설계변위, D_{TD}와 총최대변위, D_{TM}는 다음 식보다 큰 값을 취해야 한다.

$$D_{TD} = D_D\left[1 + y_i\left(\frac{12e}{b^2 + d^2}\right)\right] \qquad \text{(식 16-83)}$$

$$D_{TM} = D_M\left[1 + y_i\left(\frac{12e}{b^2 + d^2}\right)\right] \qquad \text{(식 16-84)}$$

여기서, b : d와 직각을 이룬 구조물의 가장 짧은 평면 길이

D_D : 식(16-79)에 나타낸 설계변위

D_M : 식(16-81)에 나타낸 최대변위

d : 구조물의 가장 긴 평면 길이

e : 실제적인 편심길이

y_i : 지진방향과 직각인 대상요소와 면진시스템의 강성중심과의 거리

면진시스템이 비틀림에 적절히 저항하기 위해서는 총설계변위, D_{TD}와 총최대변위, D_{TM}은 식(16-79)와 식(16-81)로 계산된 값보다 작아야 하고, D_D와

D_M의 1.1배보다 작지 않아야 한다.

1623.2.5 최소횡지진력(Minimum lateral forces)

면진시스템과 면진시스템의 상부구조의 설계에 사용되는 최소횡지진력은 다음과 같아야 한다.

1623.2.5.1 면진시스템과 면진시스템의 하부에 위치한 구조요소(Isolation system and structural elements at or below the isolation system)

면진시스템, 기초, 면진시스템의 하부에 위치한 모든 구조요소들은 최소횡지진력, V_b를 견딜 수 있도록 설계되고 시공되어야 한다.

$$V_b = k_{D\max} D_D \quad \text{(식 16-58)}$$

여기서, $k_{D\max}$: 식(16-92)에 나타낸 수평방향의 설계변위에 대한 면진시스템의 최대유효강성

V_b : 총수평지진설계력

1623.2.5.2 면진시스템의 상부에 위치한 구조요소(Structural elements above the isolation system)

면진시스템의 상부에 위치한 구조요소는 최소전단력, V_s를 견디도록 설계되고 시공되어야 한다.

$$V_s = \frac{k_{D\max} D_D}{R_I} \quad \text{(식 16-86)}$$

여기서, R_I : 면진시스템의 상부구조에 사용된 횡력저항시스템에 관계되는 계수 R_I 계수는 면진시스템의 상부구조에 사용된 횡력저항방식에 기초하고 있고, 상한계를 2.0, 하한계를 1.0으로 하는 Table 1617.6에 주어진 R값의 3/8이어야 한다.

1623.2.5.3 최소전단력의 제한 (Limits on V_s)

V_s는 다음의 값보다 작아서는 안 된다.

1. 동일한 무게의, W의 고정기초 구조물에 대한 Section 1617.5에 의해 요구되는 수평지진력과 Section 1623.2.2.2에 의한 면진주기, T_D와 동일한 주기
2. 설계 풍하중에 상응하는 밑면전단력

3. 면진시스템을 능가하는 수평지진력(즉, 연화시스템형의 항복수준, 풍하중만의 저항시스템의 극한상태, 미끄럼용 시스템의 정지마찰력의 1.5배)

1623.2.6 하중의 수직분배(Vertical distribution of force)

Section 1623.2.5에 의한 총 하중, V_s는 다음 식과 같이 면진시스템의 상부 구조물의 높이에 따라 분배된다.

$$F_x = \frac{V_s w_x h_x}{\sum_{i=1}^{n} w_i h_i} \qquad \text{식(16-87)}$$

각 층은 x로 표기되며, F_x는 각 층의 질량분포와 관계된 구조물의 영역 전체에 적용된다. 각 구조요소의 응력은 밑면 위의 적정한 층에 적용된 F_x에 의해 계산된다.

623.2.7 층간변위의 제한(Drift limits)

면진시스템 상부구조의 최대층간변위는 $0.015h_{sx}$를 초과하지 않아야 한다. 층간변위는 Section 1623.2.5.2에서 정의된 R_I 계수와 동등한 면진시스템의 C_d 계수가 있는 식(16-46)에 의해 계산되어야 한다.

1623.3 동적응답해석(Dynamic lateral response procedure)

모든 면진구조물과 그에 포함되는 부분들은 본 절과 Section 1617.4의 요구조건에서 설명된 지진력과 변위에 저항하도록 설계되고 시공되어야 한다.

1623.3.1 면진시스템과 면진시스템의 하부에 위치한 구조요소(Isolation system and structural elements below the isolation system)

면진시스템의 총 설계변위는 Section 1623.2.4에서 설명되었듯이 D_{TD}의 90%보다 작아서는 안 된다. 면진시스템의 총 최대변위는 식(16-84)에 설명되었듯이 D_{TM}의 80%보다 작아서는 안 된다. 면진시스템과 면진시스템의 하부구조요소의 설계전단력은 식(16-85)에서 설명된 V_b의 90%보다 작아서는 안 된다. 이 절에서 설명된 변위의 제한은 Section 1623.2.4에서 결정된 D_{TD}와 D_{TM}값으로 평가하고, 예외로 D_D와 D_M 대신에 D_D'와 D_M'을 사용할 수 있다.

$$D_D' = \frac{D_D}{\sqrt{1+\left(\frac{T}{T_D}\right)^2}}$$ 식(16-88)

$$D_M' = \frac{D_M}{\sqrt{1+\left(\frac{T}{T_M}\right)^2}}$$ 식(16-89)

1623.3.2 면진시스템의 상부에 위치한 구조요소(Structural elements above the isolation system)

외형이 정형인 경우에 면진시스템의 상부구조물의 설계전단력은 식(16-86)에 의한 V_s의 80%보다 작아서는 안 되고, 또는 Section 1623.2.5.3의 제한보다 작아서는 안 된다.

- 예외(Exception)
  1. 외형이 정형이고 시간이력해석을 수행한 경우라면 Section 1623.3.2에 설명한 것처럼, 면진시스템 상부구조물의 설계전단력은 V_s의 80%보다 작아도 가능하며, V_s의 60%보다 작아서는 안 된다.
  2. 외형이 비정형이고 시간이력해석을 수행한 경우라면 면진시스템 상부구조물의 설계전단력은 V_s의 100%보다 작아도 가능하며, V_s의 80%보다 작아서는 안 된다.

1623.3.3 지반운동(Ground motion)

동적응답해석에 사용하는 지반운동은 다음과 같이 결정된다.

1623.3.3.1 설계스펙트럼(Design spectra)

특정지반 스펙트럼은 Section 1615.1.1에서 설명한 것 같이 지반등급 E 또는 F 지반에 위치하거나, 또는 Section 1615.1에서 결정된 것같이 0.6g보다 큰 S_1지반에 의한 건물설계에 요구된다. 특정지반 스펙트럼이 요구되지 않거나 특정지반 스펙트럼이 없는 경우에는 Section 1615.1.4에서 나타낸 응답스펙트럼 형상을 사용하여 설계해야 한다.

두 설계스펙트럼, 즉 하나는 설계지진이고 다른 하나는 최대지진에 대해서 작성해야 한다. 설계지진응답 스펙트럼은 Section 1615.1에 나타낸 설계지진응답스펙트럼보다 작아서는 안 된다.

- 예외(Exception)

  특정지반 스펙트럼이 설계용지진력을 이용하여 계산된 경우라면 Section 1615.1에서 나타낸 것같이, 이 설계스펙트럼은 100%보다 작아도 가능하며 80%보다 작아서는 안 된다.

  최대지진설계 스펙트럼은 Section 1615.1에 나타낸 설계지진 응답스펙트럼의 1.5배보다 작아서는 안 된다. 이 설계스펙트럼은 면진시스템의 설계와 실험을 위한 총 최대변위와 전도모멘트를 결정하는데 사용된다.

- 예외 (Exception)

  특정지반 스펙트럼이 최대지진에 대해서 계산된 경우라면, 설계스펙트럼은 100%보다 작아도 가능하며, Section 1615.1에 나타낸 설계지진 응답스펙트럼의 1.5배의 80%보다 작아서는 안 된다.

1623.3.3.2 시간이력(Time histories)

시간이력해석을 사용할 때 최소한 세 개 이상의 적절한 수평방향 지반운동 이력성분의 쌍을 택하여 스케일을 조정한다. 적절한 시간이력은 설계기반지진(또는 최대가능지진)과 유사한 규모, 단층거리, 발생 메커니즘을 갖는다. 적절한 지반운동기록의 쌍을 구할 수 없을 경우에는 근사적인 인공지진기록을 사용할 수 있다. 수평운동 성분의 각 쌍에 대하여 크기조절을 한 후에 5% 감쇠비를 갖는 스펙트럼을 구한 후 SRSS(square root sum of the squares)한다. SRSS된 스펙트럼의 평균값이 설계기반지진(또는 최대가능지진)의 5% 감쇠 응답스펙트럼의 $0.5\,T_D$에서 $1.25\,T_M$ 사이 값의 10%의 1.3배보다 작지 않도록 크기를 조정한다.

1623.3.4 수학적 모델(Mathematical model)

면진시스템, 횡저항시스템, 그 외의 구조요소를 포함한 면진구조물의 수학적 모델은 Section 1623.4.1과 1623.4.2의 요구조건을 따라야 한다.

1623.3.4.1 면진시스템(Isolation system)

면진시스템은 Section 1623.2.1의 요구조건과 일치하는 실험에 의하여 검증된 변형특성을 이용하여 모델링되어야 한다. 면진시스템의 모형은 다음의 세부사항이 충분히 고려되어야 한다.

1. 면진장치의 공간배치를 설명할 수 있을 것
2. 양수평방향의 이동과 질량편심의 가장 불리한 위치를 고려한 면진시스템의

상부구조의 비틀림을 계산할 수 있을 것

3. 각각의 면진장치의 전도력/융기력을 구할 수 있을 것
4. 면진시스템이 수직력, 양방향 하중, 하중재하속도에 종속적이라면 그 영향을 고려할 수 있을 것

1623.3.4.2 면진구조물(Isolated structure)

면진구조물의 모델은 Section 1623.4.2.1과 1623.3.4.2.2에 따른다.

1623.3.4.2.1 변위(Displacement)

각 층의 최대변위와 면진층의 총 설계변위, 총 최대변위는 면진시스템과 횡력저항시스템의 비선형 요소의 힘-변형 특성을 고려한 면진구조물의 모델을 사용하여 계산한다. 비선형 요소를 가진 횡력저항시스템은 식(16-86)의 V_s보다 작은 횡력으로 설계되고 Section 1623.2.5.3으로 제한된 비정형 구조시스템과 V_s의 80%보다 작은 횡력으로 설계된 정형구조시스템을 포함할 수 있다.

1623.3.4.2.2 횡저항시스템 요소의 힘과 변위(Forces and displacements in elements of the lateral-force-resisting system)

횡력저항시스템 요소의 힘과 변위는 다음과 같은 면진건물의 선형탄성모델을 사용해서 계산해야 한다.

1. 비선형 면진시스템 요소에 가정된 강성특성은 면진시스템의 최대유효강성을 기초로 한다.
2. 면진시스템 상부구조의 횡저항시스템의 요소는 탄성이다.

1623.3.5 응답스펙트럼해석과 시간이력해석(Response-spectrum and time-history analysis)

응답스펙트럼해석과 시간이력해석은 본 절의 요구와 Section 1617.4에 의해서 수행해야 한다.

1623.3.5.1 입력지진(Input earthquake)

설계기반지진은 면진시스템의 총설계변위, 횡력, 면진구조물의 변위를 계산하기 위하여 이용된다. 최대가능지진은 면진시스템의 총최대변위를 계산하기 위하여 이용된다.

1623.3.5.2 응답스펙트럼해석(Response-spectrum analysis)

응답스펙트럼해석은 관심 있는 방향의 기본모드에 대한 모달댐핑 값을 이용하여 수행되며, 여기서 모달댐핑은 면진시스템의 유효감쇠 또는 임계감쇠의 30%감쇄 중에서 적어도 둘 중의 하나보다는 작은 값이다. 고차모드의 모달댐핑은 면진시스템 상부구조의 응답스펙트럼해석과 일관되게 산정된다. 총 설계변위와 총 최대변위를 결정하는데 주로 사용되는 응답스펙트럼해석은 지반운동의 가장 불리한 방향으로 100%의 가력과 그 직각방향으로 30% 가력을 동시에 가하여 수행한다. 면진시스템의 최대변위는 두 방향 변위의 벡터합으로 계산한다.

어떤 층에서 설계전단력, V_x는 식(16-87)을 사용해서 구한 층전단력과 응답스펙트럼해석으로부터 구한 밑면전단력과 동등한 V_s값보다 작아서는 안 된다.

623.3.5.3 시간이력해석(Time history analysis)

시간이력해석은 Section 1623.3.3.2에서 정의하였듯이 최소한 3쌍의 적절한 수평방향 성분을 이용하여 수행한다. 시간이력의 각 쌍은 질량편심의 가장 불리한 위치를 고려하여 모델에 동시에 가진한다. 면진시스템의 최대변위는 각 시간단계마다의 두 직교방향 변위의 벡터합으로 계산한다. 각 시간이력해석에서 관심 있는 변수를 계산한다. 만약 3개의 시간이력해서을 수행했다면 관심 있는 변수의 최대응답을 설계에 사용한다. 만약 7개 또는 그 이상의 시간이력해석이 수행되었다면 관심 있는 변수의 응답평균을 설계에 사용한다.

1623.3.6 설계수평하중(Design lateral force)

설계수평하중은 다음과 같이 결정된다.

1623.3.6.1 면진시스템(Isolation system)

면진시스템, 기초, 면진시스템의 하부에 위치한 모든 구조요소는 비면진구조물에 대한 적절한 모든 규준과 동적해석으로 얻어진 하중을 이용하여 설계하여야 한다.

1623.3.6.2 면진시스템 상부의 구조요소(Structural elements above the isolation system)

면진시스템 상부의 구조요소는 비면진시스템에 대한 적절한 규준과 동적해석에서 얻어진 하중을 R_I로 나눈 값을 이용하여 설계하여야 한다. R_I는 면진시스템 상부구조에 사용되는 횡력저항시스템에 근거한다.

1623.3.6.3 결과의 크기조정(Scaling of result)

응답스펙트럼해석 또는 시간이력해석으로 결정된 구조요소의 횡전단력은 Section 1623.3.1과 1623.3.2에서 설명한 최소값보다 작으면 부재력, 모멘트 등을 포함한 모든 응답변수를 비례적으로 크기 조정해야 한다.

1623.3.6.4 층간변위 제한(Drift limits)

설계횡력에 기인한 최대층간변위는 면진시스템의 수직변형에 의한 변위를 고려하고, 다음의 값을 초과해서는 안 된다.

1. 응답스펙트럼을 수행한 경우에 면진시스템 상부구조의 최대층간변위는 $0.015h_{sx}$를 초과해서는 안 된다.
2. 횡력저항시스템의 비선형요소의 힘-변위특성을 고려한 시간이력해석을 수행한 경우에 면진시스템 상부구조의 최대층간변위는 $0.020h_{sx}$를 넘어서는 안 된다.

층간변위가 $0.010/R_I$를 초과하는 경우에는 면진시스템 상부구조에서 최대가능지진의 횡변위, Δ의 중력과 결합된 2차 효과를 검토해야 한다.

1623.4 구조요소와 구조물에 의해 지지되는 비구조요소에 가해지는 수평하중 (Lateral load on elements of structures and non-structural components supported by building)

면진구조물의 일부, 영구적인 비구조요소와 그에 결합되어 있는 부분, 그리고 구조물에 의하여 지지되는 영구적인 설비는 본 절과 Section 1621의 요구조건에 의하여 지진력과 변위에 저항하도록 설계되어야 한다.

1623.4.1 하중과 변위(Forces and displacements)

요소설계는 다음과 같은 하중과 변위를 저항하도록 해야 한다.

1623.4.1.1 면진층이나 면진층 상부의 요소(Components at or above the isolation interface)

면진층이나 면진층의 상부에 위치하는 면진구조물의 요소와 비구조요소, 또한 그들의 일부분은 고려되는 요소의 최대동적응답과 유사한 총횡지진력을 저항하도록 설계되어야 한다.

- 예외(Exception)

면진구조물의 요소와 비구조요소 또는 그들의 일부분은 식(16-28)과 (16-29)에 나타낸 지진효과, E에 저항하도록 설계되어야 한다.

1623.4.1.2 면진층과 교차하는 요소(Components crossing the isolation interface)

면진층과 교차되는 면진구조물의 요소와 비구조요소, 또는 그들의 일부분은 총최대변위를 견디도록 설계되어야 한다.

1623.4.1.3 면진층 하부의 요소(Components below the isolation interface)

면진층 아래에 위치한 면진구조물의 요소와 비구조요소, 또는 그들의 일부분은 Section 1616.1의 요구조건에 따라 설계되고 시공되어야 한다.

1623.5 시스템의 세부 요구사항(Detailed system requirements)

면진시스템과 구조시스템은 본 규준의 재료 요구조건을 따라야 한다. 게다가 면진시스템은 본 절의 세부 요구사항을 따라야 하고, 구조시스템은 Section 1616.1의 적용가능한 시스템의 세부 요구사항을 따라야 한다.

1623.5.1 면진시스템(Isolation system)

면진시스템은 다음 요구조건을 만족해야 한다.

1623.5.1.1 환경조건(Environmental conditions)

바람과 지진에 의해서 야기되는 수직력과 횡력에 대한 요구조건뿐만 아니라, 면진시스템은 재령효과, 크리프, 피로, 온도, 습기 또는 손상물질에 대한 노출과 같은 다른 환경조건도 고려하여 설계하여야 한다.

1623.5.1.2 풍하중(Wind forces)

면진구조물은 면진층 상부의 모든 구조물에 대해서 설계풍하중을 지지해야 한다. 면진층에서, 내풍시스템은 면진층 상부 구조물의 층 사이에 요구되는 것과 동등한 값을 갖는 면진시스템에서 수평변위를 제한할 필요가 있다.

1623.5.1.3 내화성(Fire resistance)

면진시스템의 내화수준은 기둥, 벽 또는 다른 구조요소의 요구조건과 동등해야 한다.

1623.5.1.4 수평복원력(Lateral-restoring force)

면진시스템은 총설계변위하에서의 횡력이 총설계변위의 50%하에서의 횡력보다 최소한 $0.025W$ 이상인 복원력을 가지도록 제작되어야 한다.

- 예외(Exception)

면진시스템이 전체수직하중과 총설계변위 $36S_{M1}$ inches ($915S_{M1}$ mm)보다 3배 이상인 총최대변위하에서 안정하다면 위에서 요구되는 복원력을 가지도록 제작되지 않아도 된다.

1623.5.1.5 변위제한(Displacement restraint)

면진구조물이 Section 1623.1의 요구조건보다 더욱 엄격한 다음의 규준에 의하여 설계되었다면 면진시스템은 최대가능지진에 의한 횡변위가 총설계변위의 S_{M1}/S_{D1}배보다 작은 변위제한을 포함하도록 제작되어야 한다.

1. 최대가능지진의 응답은 Section 1623.3의 동적해석 요구조건에서 계산되어지며, 특히 면진시스템과 면진시스템 상부 구조물의 비선형 특성이 고려된다.
2. 면진시스템과 면진시스템 하부의 구조요소의 극한능력은 최대가능지진의 강도와 변위요구도보다 커야 한다.
3. 면진시스템 상부구조는 최대가능지진에서의 안정성과 연성요구도를 확인해야 한다.
4. 최대설계변위의 0.75배 이하의 변위에서는 변위제한이 유효하지 않다.

1623.5.1.6 수직하중안정성(Vertical load stability)

면진시스템의 각 요소는 최대수직하중 $(1.2D+1.0L+|E|)$과 최소수직하중의 합, 총최대변위와 같은 수평변위하에서의 최소수직하중 $(0.8-|E|)$에서 안정하게 설계되어야 한다.

1623.5.1.7 전도(Overturning)

면진층에서의 전체적인 전도에 대한 안전율은 요구되는 하중조합에 대하여 1.0보다 작아서는 안 된다. 모든 중력과 지진력의 조건에서 조사되어야 한다. 전도를 계산하기 위한 지진력은 최대가능지진에 근거하며 W는 주식 수직복원력에 사용한다. 면진장치나 여러 구조요소에 과다한 응력을 발생시키거나 불안정성의 원인이 되지 않는다면 각 요소의 부분적인 융기는 허용한다.

1623.5.1.8 정밀검사와 교체(Inspection and replacement)

면진시스템에 요구되는 정밀검사와 교체는 다음과 같이 4가지 사항에 대해서 따라야 한다.

1. 면진시스템의 모든 요소는 정밀검사와 교체가 가능하도록 하여야 한다.
2. 건축가와 기술자 또는 그의 위임자는 면진구조물의 거주를 위한 증명서를 발급받기 전에 건물의 분할된 영역과 면진층의 요소들의 관찰과 정밀검사를 빠짐없이 수행하여야 한다. 이러한 정밀검사와 관찰은 최대변위 상태에서의 구조물의 변위와 면진층이 규정된 변위를 수용할 수 있는지를 나타낸다.
3. 면진구조물은 시스템의 설계에 책임이 있는 건축가와 기술자에 의하여 수립된 면진시스템을 위한 주기적인 모니터링과 정밀검사와 지속프로그램을 가져야 한다.
4. 면진층을 가로지르는 요소를 포함한 면진시스템 설치면의 보수, 보강은 적절한 훈련으로 자격이 있고 면진구조물의 설계와 시공에 경험이 있는 건축가나 기술자의 지시하에 수행되어야 한다.

1623.5.1.9 품질관리(Quality control)

면진장치를 위한 품질관리 테스트 프로그램은 구조설계에 책임이 있는 기술자에 의하여 구축되어야 한다.

1623.5.2 구조시스템(Structural system)

구조시스템은 다음의 조건을 만족해야 한다.

1623.5.2.1 하중의 수평분포(Horizontal distribution of force)

수평다이어프램 또는 다른 구조요소가 면진층 위의 연속성을 제공하고 구조물의 한 부분에서 다른 부분으로 힘(지반운동의 비균일성으로 발생)을 전달하기 위한 충분한 강도와 연성을 가져야 한다.

1623.5.2.2 건물 이격거리(Building separations)

면진구조물과 주변의 옹벽 또는 다른 고정물 사이의 최소간격은 총최대변위보다 작아서는 안 된다.

1623.5.2.3 건물이 아닌 구조물(Nonbuilding structures)

건물이 아닌 구조물은 Section 1623.2 또는 1623.3에 의하여 계산된 설계변위를 사용하여, Section 1622의 요구조건에 의하여 설계되어야 한다.

1623.6 기초(Foundations)

기초는 Section 1623.2와 1623.3에 의하여 계산된 설계력을 사용하여 18장의 요구조건을 따라서 설계되고 시공되어야 한다.

1623.7 설계와 시공 검토(Design and construction review)

면진시스템의 설계검토와 관련된 시험 프로그램은 적절한 훈련과 면진해석법과 이를 면진의 적용에 대한 경험이 있는 독립적인 기술자 그룹에 의하여 수행되어야 한다. 면진시스템 설계 검토는 제한적이지는 않지만 다음의 사항을 포함해야 한다.

1. 대지별 특정지반 스펙트럼과 지반운동의 시간이력, 그리고 해당 프로젝트를 위하여 특별히 전개된 모든 다른 설계기준을 포함한 대지별 특정 지진에 대한 기준의 검토
2. 면진시스템의 총설계변위와 설계횡력의 결정을 포함한 초기설계의 검토
3. 시작품 시험의 개요 및 결과(Section 1623.8)
4. 전체 구조시스템과 모든 지지시스템 최종설계에 관한 검토
5. 면진시스템의 품질관리시험 프로그램의 검토(Section 1623.5.1.9)

1623.8 면진시스템에 요구되는 시험(Required tests of isolation system)

면진구조물의 설계와 해석에서 면진시스템의 변형능력과 감쇠값은 시공 전에 선택된 시험체에 의하여 수행되는 다음의 시험에 근거한다. 풍저항시스템이 설계에 사용된다면 시험된 면진시스템의 성분은 풍저항시스템을 포함한다. 본 절에서 설명되는 시험은 면진시스템의 설계특성을 결정하고 검증하기 위한 것이며, Section 1623.5.1.9의 제조품질관리 실험의 만족성은 고려하지 않아도 된다.

1623.8.1 시작품 시험(Prototype test)

시작품 시험은 2개의 실물 크기의 공시체나 각각의 형태와 크기를 가지는 알맞은 시험체 세트를 이용하여 개별적으로 수행된다. 풍저항시스템이 설계에 사용된다면, 시험체는 개별적인 면진장치뿐 아니라 풍저항시스템을 포함하여야 한다. 시험에 사용된 시험체가 시공에 사용되어서는 안 된다.

1623.8.1.1 기록(Record)

각 시험체의 시험에서 매 사이클에 대한 힘-변위 거동이 기록되어야 한다.

1623.8.1.2 반복횟수(Sequence and cycles)

모든 시험체에 대하여 고정하중과 1/2의 적재하중에 해당하는 수직력을 가한 후 다음과 같은 과정의 시험이 규정된 사이클 동안 수행되어야 한다.

1. 설계풍하중과 같은 수평하중하에서 20사이클
2. $0.2D_D$, $0.5D_D$, $1.0D_D$과 $1.0D_M$으로 변위를 증가시키면서 각각 3사이클씩
3. 총최대변위 $1.0D_{TM}$ 하에서 3사이클
4. 총설계변위 $1.0D_{TD}$ 하에서 $15S_{D1}B_D/S_{DS}$ 사이클 (10사이클 이상)

면진장치가 수직하중을 지지하는 경우에는 위의 시험 중 2번에 추가적인 다음의 두 가지 경우에 대한 시험이 수행되어야 한다.

$$1.2D+0.5L+|E| \qquad \text{(식 16-21)}$$

$$0.8D-|E| \qquad \text{(식 16-22)}$$

여기서 D와 L은 Section 1606과 1607에서 정의되어 있다. 지진하중, E는 식(16-28)과 16-29에 주어져 있고, 지진 전도력, Q_E에 의한 하중 증가는 시험에서 평가된 최대지진 수직하중 응답과 같거나 커야 한다. 이 시험에서 조합된 수직하중은 보통형태와 크기를 가지는 면진장치에 대해서 일반적이거나 평균이하인 힘이 작용하도록 한다.

1623.8.1.3 하중재하속도에 종속적인 면진장치(Units dependent on loading rates)

면진장치의 힘-변위 특성이 하중재하속도에 종속적이라면, Section 1623.8.1.2에서 언급된 각각의 실험들은 면진구조물의 유효주기인 진동수 $1/T_D$에서 동적으로 수행되어야 한다. 면진장치의 하중재하속도에 대한 의존 정도를 알아보기 위하여 축소모델을 사용한다면, 실제 모델과 크기, 형상, 재료, 제조과정을 동일하게 설정해 주어야 하고, 하중재하속도가 같도록 동일한 진동수에서 실험해야 한다. $1/T_D$로 시험했을 때와 $0.1/T_D \sim 2/T_D$으로 시험했을 때의 결과가 설계변위의 유효강성에서 15% 이상 차이가 난다면, 면진장치의 힘-변위 특성이 하중재하속도에 의존적인 것을 여겨진다.

1623.8.1.4 양방향 하중에 종속적인 면진장치(Units dependent on bilateral load)

면진장치의 힘-변위 특성이 양방향 하중에 종속적이라면, Section 1623.8.1.2와 1623.8.1.3의 실험에서의 총설계변위가 0.25와 1.0, 0.50과 1.0, 0.75와 1.0, 1.0과 1.0 만큼 증가했을 때 양방향 효과가 고려되어야 한다.

만약 축소모델이 양방향 하중에 의한 영향을 측정하기 위하여 사용된다면 실제 모델과 크기와 제조과정이 동일하게 설정되어져야 한다.

면진장치의 한 방향 힘-변위 특성과 양방향 힘-변위 특성이 설계변위의 유효강성에서 15% 이상의 오차가 발생하면, 면진장치의 힘-변위 특성은 양방향 하중에 대해 종속적이라고 판단할 수 있다.

1623.8.1.5 최대최소 수직하중(Maximum and minimum vertical load)

수직하중을 지지하는 면진장치에는 총최대변위에서 최대최소 수직하중에 대해 정적시험이 수행되어야 한다. 일반적인 형태와 크기의 단독 면진장치에서 복합수직하중 $1.2D+1.0L+|E|_{mxa}$는 최대수직하중으로, 복합수직하중 $0.8D-|E|_{\min}$는 최소수직하중으로 받아들여지고 있다.

1623.8.1.6 Sacrificial wind-restraint systems

wind-restraint system을 사용하려면 극한 능력에 대한 실험이 필요하다.

1623.8.1.7 유사면진장치의 시험(Testing similar units)

단위면진장치가 이미 시험된 면진장치와 동일재료, 형상을 가지면 더 이상 시험할 필요가 없다.

1623.8.2 힘-변위 특성의 결정(Determination of force-deflection characteristics)

면진장치의 힘-변위 특성은 Section 1623.8.1에 언급된 주기하중시험에 의해 정의된다. 요구하는 것처럼 각 사이클의 면진장치의 유효강성은 다음과 같이 계산된다.

$$k_{eff}=\frac{|F^{+}|+|F^{-}|}{|\Delta^{+}|+|\Delta^{-}|} \qquad \text{(식 16-90)}$$

여기서 F^{+}와 F^{-}는 Δ^{+}와 Δ^{-}에서의 정, 부 값을 가지는 힘이다.

각 사이클의 유효감쇠는 다음의 값을 가진다.

$$B_{eff} = \frac{2}{\pi}\left[\frac{E_{loop}}{k_{eff}(|\Delta^{+}|+|\Delta^{-}|)^2}\right] \quad (식\ 16\text{-}91)$$

여기서, E_{loop}는 하중의 주기당 에너지 분산이다.

1623.8.3 시험체 적당성(Test specimen adequacy)

다음의 조건이 만족된다면 시험체의 성능이 면진장치로 적합한 것으로 판단한다.

1. Section 1623.8.1에서 규정된 모든 실험들에서의 힘-변위 곡선은 정방향으로 증가하는 하중전달능력이 있다.
2. 각 규정하는 하중과 변위에서, 시험의 각 3사이클에서의 유효강성과 각 시험체의 평균유효강성의 차이는 ±15% 차가 나지 않는다.

   2.1 각 시험체의 유효강성이 평균값과 각각의 3사이클 유효강성의 차가 ±15% 이상 나지 않는다. 제시된 3사이클 시험을 마친 종류와 크기가 동일한 2개의 시험체의 유효강성 평균값이 ±15% 차가 나지 않는다.
3. 각 시험체의 초기 유효강성이 $15S_{D1}\beta_D/S_{DS}$ (즉, 10사이클 이상) 후의 강성과의 차이가 ±20% 이상 나지 않는다.
4. 각 시험체의 초기 유효감쇠가 $15S_{D1}\beta_D/S_{DS}$(즉, 10사이클 이상) 후의 유효감쇠와의 차이가 ±20% 이상 나지 않는다.
5. 수직하중을 지지하는 면진장치는 총최대변위하에서 정적하중에 대해 안정상태를 유지해야 한다.

1623.8.4 면진시스템의 설계특성(Design properties of the isolation system)

면진시스템은 Section 1623.8.4.1과 1623.8.4.2에 나타낸 특성을 가져야 한다.

1623.8.4.1 최대최소 유효강성(Maximum and minimum effective stiffness)

설계변위하에서 면진시스템의 최대최소 유효강성은 다음 식에 의해서 계산된다.

$$k_{Dmax} = \frac{\Sigma|F_D^{+}|_{max} + \Sigma|F_D^{-}|_{max}}{2D_D} \quad 식(16\text{-}92)$$

$$k_{Dmin} = \frac{\Sigma|F_D^+|_{\min} + \Sigma|F_D^-|_{\min}}{2D_D} \qquad \text{식(16-93)}$$

최대변위 하에서 면진시스템의 최대최소 유효강성은 다음 식에 의해서 계산된다.

$$k_{Mmax} = \frac{\Sigma|F_M^+|_{\max} + \Sigma|F_M^-|_{\max}}{2D_M} \qquad \text{식(16-94)}$$

$$k_{Mmin} = \frac{\Sigma|F_M^+|_{\min} + \Sigma|F_M^-|_{\min}}{2D_M} \qquad \text{식(16-95)}$$

면진시스템의 최대유효강성, k_{Dmax} (또는 k_{Mmax})은 가장 큰 유효강성을 발생하는 D_D (또는 D_M)과 동일한 시험변위에서 시작품 시험의 사이클로부터 구한 하중을 기초로 한다. 면진시스템의 최소유효강성, k_{Dmin} (또는 $k_{M\min}$)은 가장 작은 유효강성을 발생하는 D_D (또는 D_M)과 동일한 시험변위에서 시작품 시험의 사이클로부터 구한 하중을 기초로 한다.

각각 수직하중과 하중재하가 다양한 하중-변위특성을 가지는 Section 1623.8.1.2와 1623.8.1.3의 시험에 의한 면진시스템에 대해서, 필요에 따라서 유효강성의 효과를 제한하도록 k_{Dmax}와 k_{Mmax}값은 증가하고 k_{Dmin}와 k_{Mmin} 값은 감소되어야 한다.

1623.8.4.2 유효감쇠(Effective damping)

설계변위하에서 면진시스템의 유효감쇠, β_D는 다음 식에 의해서 계산된다.

$$\beta_D = \frac{1}{2\pi}\left[\frac{\Sigma E_D}{k_{Dmin}D_D^2}\right] \qquad \text{식(16-96)}$$

설계변위응답의 매 사이클당 총에너지 소산, ΣE_D는 D_D와 같은 시험변위에서 측정된 면진시스템에서 매 사이클당 소산된 에너지의 합으로 얻어진다. 설계변위응답의 매 사이클당 총에너지 소산, ΣE_D는 최소의 유효강성 값을 발생시키는 시험변위 D_D에서 시작품 시험의 사이클로부터 구한 힘과 변위를 기초로 한다.

최대변위 하에서 면진시스템의 유효감쇠, β_M 다음 식에 의해서 계산된다.

$$\beta_M = \frac{1}{2\pi}\left[\frac{\Sigma E_M}{k_{Dmin} D_M^2}\right] \qquad \text{식(16-97)}$$

설계변위응답의 매 사이클당 총에너지 소산, ΣE_M는 D_M와 같은 시험변위에서 측정된 면진시스템에서 매 사이클당 소산된 에너지의 합으로 얻어진다. 설계변위응답의 매 사이클당 총에너지 소산, ΣE_M는 최소의 유효강성 값을 발생시키는 시험변위 D_M에서 시작품 시험의 사이클로부터 구한 힘과 변위를 기초로 한다.

제진구조 시공사례

Ⅱ

건 물 명	포스코 센텀파크
제진장치명	TMD(Tuned Mass Damper)

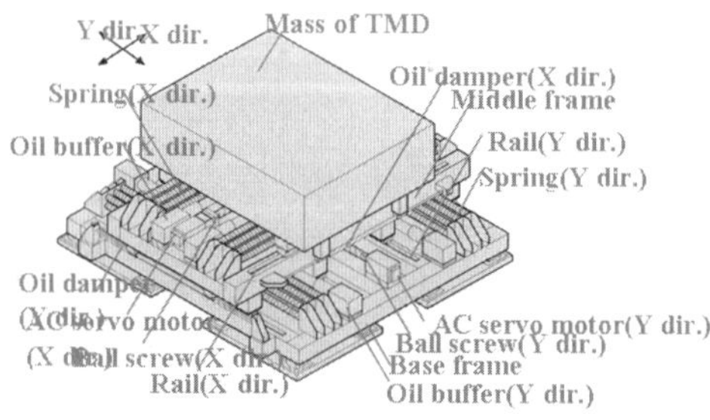

건물위치 | 부산광역시 해운대구 우2동
건축구조 | 지하, 지상 : 철근콘크리트 벽식구조
건축규모 | 지하 4층, 지상 40층(총 동)
준공연도 | 2006년 3월

특징 및 효과
- 풍하중 제어를 위해 3개동 옥상에 설치
- TMD설치에 의해 풍하중 진동성능 20% 향상

건 물 명	현대 하이페리온
제진장치명	TLD (Tuned Liquid Damper)

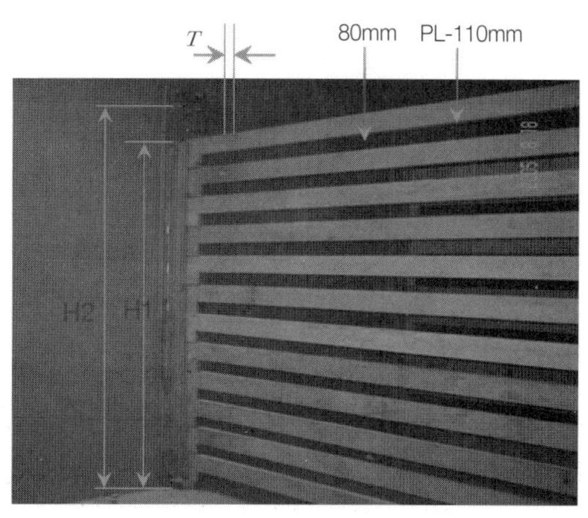

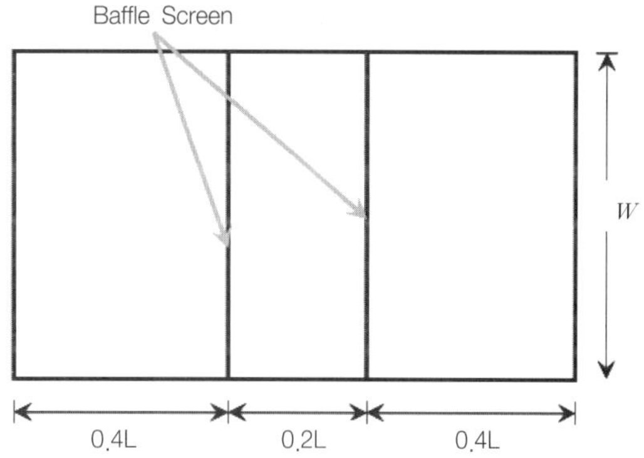

건물위치	부산광역시 해운대구 우동 1434-2번지
대지면적	6,665.40㎡
건축구조	지하 : 철근콘크리트구조
건축규모	지하 4층, 지상 39~41층(2개동 외 상가동)
용 적 률	972.53%
준공연도	2006년 9월
특징 및 효과	-풍하중 제어를 위해 옥상에 설치 -TLD설치에 의해 풍하중 진동성능 15% 향상

건 물 명	양양 국제공항 관제탑
제진장치명	TMD (Tunned Mass Damper)

건물위치	강원도 양양군
건축구조	지하, 지상 : 철근콘크리트구조(HMD 지상 m 설치)
건축규모	가동질량 : 15톤
TMD크기	2.0m x 1.5m x 2.0m(H) 스트로크 : ±300mm
구동방식	LM 가이드 + 적층고무 + 코일스프링
준공연도	2000년

특징 및 효과

- 풍하중 제어 위한 TMD 설치
- 최적감쇠비 : 6%

건 물 명	인천 국제공항 관제탑
제진장치명	HMD (Hybrid Mass Damper)

건물위치	인천광역시 영종도 인천국제공항
건축구조	지하, 지상 : 철근콘크리트구조(HMD 지상 80m 설치)
건축규모	관제탑높이 : 100.4m, 유효폭 : 18.0m, 질량 : 1,082ton
준공연도	2001년

특징 및 효과

- 풍하중 제어 위한 HMD 설치
- HMD로 설계하여 TMD에 비해 크기 및 중량 감소

건 물 명	삼성 천안 SDI 복지동
제진장치명	탄소성 강재 이력댐퍼 (Slit Type X-Brace)

건물위치	충청남도 천안시 성정동 508
건축구조	지하 : 철근콘크리트구조, 지상 : 철골구조
건축규모	지하 1층, 지상 2층(1개층 증축 고려)
건축면적	2,717.65㎡
연 면 적	7,921.98㎡
준공연도	2001년

특징 및 효과

- 지진하중 제어를 위해 X-Brace형 강재 이력댐퍼 설치
- 강재 이력댐퍼 설치에 의해 강재량 17% 감소

건 물 명	북대구 전화국(리모델링)
제진장치명	탄소성 강재 이력댐퍼(Slit Type K-Brace)

건물위치 | 대구광역시

건축구조 | 지하, 지상 : 철근콘크리트구조(외부 철골보강)

건축규모 | 지하 2층, 지상 4층

준공연도 | 2004년

특징 및 효과

- 전화국 리모델링에서 내진보강을 위해 K-Brace형 강재댐퍼 사용
- 인성 증가를 위해 건물 외부에서 보강하여 공사 중 업무 지속

건 물 명	포스코 API강재 연구센터
제진장치명	탄소성 강재 이력댐퍼(Slit Type Brace)

SRC (통상공법)　　CFT 공법 적용

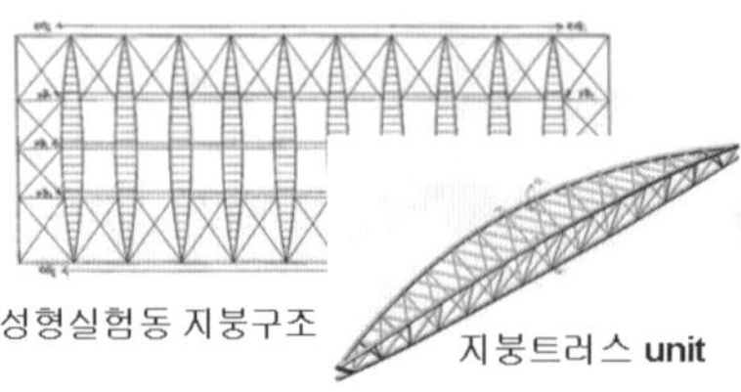

성형실험동 지붕구조　　지붕트러스 unit

건물위치	경상북도 포항시 염전동
건축구조	지상 : 철골구조(기둥 : CFT)
건축규모	지상 3층
준공연도	2004년
특징 및 효과	-풍하중 제어를 위해 브레이스 삽입형 강재댐퍼 사용 -CFT기둥 채택하여 부재 단면 70% 절감 -CFT기둥과 혼용하여 강재 25% 저감

건 물 명	아크리스 백화점(리모델링)
제진장치명	탄소성 강재 이력댐퍼(Slit Type Brace)

건물위치	서울특별시 서초구 서초동 1445-14외 6
대지면적	12,708.9m^2
건축구조	지하, 지상 : 철골 철근콘크리트구조(철골브레이스 보강)
건축규모	지하 3층, 지상 18층
건축면적	1,827.92㎡
연 면 적	37,076.46㎡
용 적 률	236.92%
준공연도	2003년
특징 및 효과	-저층부 내진보강을 위해 브레이스 삽입형 강재댐퍼 사용 -댐퍼 사용에 의해 주요부재 무보강이 가능하여 공기, 비용 절감

건 물 명	제일모직 의왕 기술연구소
제진장치명	탄소성 강재 이력댐퍼(Slit Type Shear Wall)

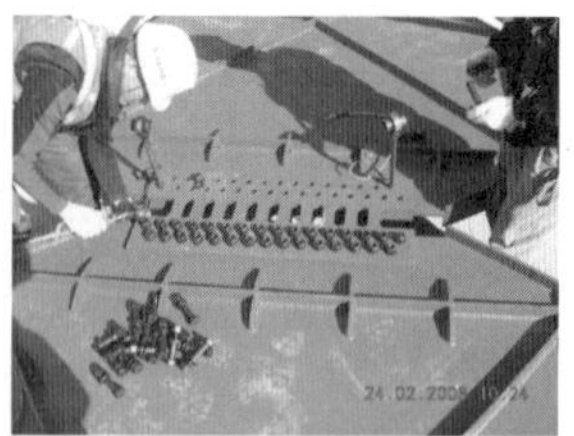

건물위치 | 경기도 의왕시

건축구조 | 지하 : 철근콘크리트구조, 지상 : 철골구조

건축규모 | 지하 1층, 지상 15층

건축면적 | 2,717.65㎡

연 면 적 | 7,921.98㎡

준공연도 | 2006년

특징 및 효과

- 내진성능 확보를 위해 코어부에 전단 벽식형 강재댐퍼 사용
- 저층부에 집중 배치하여 댐퍼개수 저감 및 비용 절감

제진구조설계지침 및 예제집

2010년 4월 19일 1판 1쇄 인쇄
2010년 4월 23일 1판 1쇄 발행

저　　자　대한건축학회
발 행 인　강 해 작
발 행 처　기 문 당
주　　소　서울시 성동구 공명길 39
(왕십리2동 966-22)
전　　화　2295-6171(代)~5
팩　　스　2296-8188
출판등록　1976. 10. 7 (1-44)
홈페이지　http : // 기문당
http : // www.kimoondang.com
I S B N　978-89-6225-258-3　93540
정　　가　10,000원

〈검인생략〉